"十三五"普通高等教育本科部委级规划教材

数码印花图案设计

DIGITAL PRINT DESIGN

周李钧 ｜ 著

中国纺织出版社

内 容 提 要

本书为"十三五"普通高等教育本科部委级规划教材。

本书从当前流行的数码印花图案着手，分类阐述运用Photoshop软件进行图案设计的具体方法，以及数码印花的工艺特点及其发展与现状、图案的基础知识、Photshop软件的基本操作等内容。通过大量设计实例详尽地介绍T恤图案、女装面料图案、围巾图案和家纺图案的特点和设计方法，步骤详尽，具有较强的实用性。

本书既可作为服装高等院校服装专业教材，也可作为相关行业数码印花图案设计中初级基础教材，还可作为数码印花企业从业人员培训用书。

图书在版编目（CIP）数据

数码印花图案设计 / 周李钧著 . -- 北京：中国纺织出版社，2019.1（2023.9 重印）

"十三五"普通高等教育本科部委级规划教材

ISBN 978-7-5180-5549-4

Ⅰ.①数… Ⅱ.①周… Ⅲ.①数码技术—应用—纺织品—印花图案—图案设计—高等学校—教材 Ⅳ.① TS194.1-39

中国版本图书馆 CIP 数据核字（2018）第 250455 号

策划编辑：魏 萌　　特约编辑：张 源　　责任校对：寇晨晨
责任印制：王艳丽

中国纺织出版社出版发行
地址：北京市朝阳区百子湾东里 A407 号楼　邮政编码：100124
销售电话：010—67004422　传真：010—87155801
http://www.c-textilep.com
E-mail：faxing@c-textilep.com
中国纺织出版社天猫旗舰店
官方微博 http://weibo.com/2119887771
北京通天印刷有限责任公司印刷　各地新华书店经销
2019 年 1 月第 1 版　2023 年 9 月第 3 次印刷
开本：787×1092　1/16　印张：11.5
字数：142 千字　定价：49.80 元

前言

由于计算机技术的快速发展并迅速应用于人类生活的各个领域，21世纪注定是一个快节奏大变革的时代。20世纪末的印花行业还在圆网、平网和转移印花等传统工艺里苦苦探索、激烈竞争，到21世纪初数码印花便风生水起。数码技术的发展为数码图案在纺织面料上进行创新的艺术设计提供了可能，而且使图案和服装、面料能更紧密、快速地联系起来。数码印花技术的诞生不仅大量减少了环境污染，还满足了目前纺织服装业的小批量、高质量、多品种、周期短、开发成本低的生产需求，为我国纺织业向精品化、个性化、高档次的转型升级提供了有力的技术保障。

在传统印花技术向数码印花技术的发展有了重大突破的同时，与这一技术相配套的产品创意开发问题随即产生。因数码印花具有批量小、品种多的特点，导致对数码印花图案的需求量不断增加。而数码印花的工艺特点也使得图案的风格和设计方法与以往产生了较大的不同。数码印花图案通常会充分利用计算机辅助设计技术直接在计算机中进行设计，极大地丰富了图案的设计创作形式，拓宽了纺织品创作范畴以及人们的视觉领域，产生了全新的图案造型风格，在实现面料的个性化设计的同时传递出现代时尚气息，迎合了消费者的审美需求。

现代科技的飞速发展和应用领域的不断拓宽，对普通高等教育和职业教育都是莫大的挑战，同时对人才培养模式也提出了新的要求。这一趋势促使普通高校和职业院校加快人才培养模式的转变和课程改革的速度。本书从数码印花的生产要求和工艺特点出发，用大量的设计实例来说明各类图案形式及其设计方法、步骤。内容简练，但对设计图案的分类讲解却非常深入，如女装图案设计分为清底图案、3D效果图案、多层图案、对称图案和定位图案五种类型，具有很强的可读性和实用性，非常方便学生学习。

书中所有设计实例都是作者在设计实践中反复验证的。图案形式有一定的典型性，并得到了企业的高度认可，具有一定的推广价值和借鉴作用，也便于学习中的拓展研究。

　　数码印花图案的常用设计软件是Photoshop（PS），该软件在全世界的平面设计中应用广泛。我国也出版过许多该软件的使用教程。大多是软件操作的基础知识和视觉传达方面的广告海报之类的设计案例，极少有针对印花图案设计的操作教程。本书的创作定位并非操作教程，而是借用PS软件为载体的图案设计教材。主要从当前流行的数码印花图案设计的角度着手，分类阐述运用Photoshop软件进行图案设计的具体方法。同时也包括了数码印花的工艺特点及其发展与现状、图案的基础知识、Photoshop软件的基本操作等内容。通过本书的学习，可以培养一大批数码印花图案设计方面的实用性人才，为不断涌现并快速发展的数码印花企业提供基本的人才支撑。当然，本书中大量的原创设计图稿也会为企业的产品开发和学员的模仿学习提供极好的参考。

　　本书为了体现课程的完整性，同时便于没有PS操作基础和图案设计基础的学生学习，所以加入了基础图案概述和Photoshop软件基础。如果在普通高校或职业院校的相关专业中已开设了基础图案和PS课程。可以忽略这两章内容，直接进入图案分类设计的学习。同时教学中务必要拓宽学生思路，做到举一反三，切忌拘泥于设计实例而不求变化。

　　本书的创作历时一年，感谢在编写过程中给予帮助的每位朋友，感谢商家的成品图例，书中若有片面或不足之处，欢迎读者批评指正。

周李钧

2018年8月

教学内容及课时安排

章 / 课时	课程性质 / 课时	节	课程内容
第一章 /2	理论基础 /12	●	数码印花概述
		一	数码印花的特点
		二	数码印花的产品设计
第二章 /10		●	基础图案概述
		一	形式美法则
		二	图案的纹样与表现技法
		三	图案的类型和组织
		四	图案的色彩
第三章 /16	理论与实践 /92	●	Photoshop CS6 软件基础
		一	Photoshop CS6 的界面和基本操作
		二	Photoshop CS6 的菜单
		三	Photoshop CS6 的工具箱
		四	Photoshop CS6 的浮动面板
第四章 /20		●	数码印花的设计环节
		一	素材处理
		二	元素抠图
		三	花回接版
		四	色彩调整
		五	多层设计
第五章 /8		●	数码印花 T 恤图案的设计
		一	精细几何图案设计
		二	T 恤特殊图案设计

章 / 课时	课程性质 / 课时	节	课程内容
第六章 /20	理论与实践 /92	●	女装数码印花图案的设计
		一	满版式清底女装图案的设计
		二	3D 效果女装图案的设计
		三	多层女装图案的设计
		四	对称式女装图案的设计
		五	定位女装图案的设计
第七章 /8		●	数码印花围巾图案的设计
		一	方巾图案的设计
		二	长巾的设计
第八章 /16		●	家纺数码印花图案的设计
		一	数码床品图案的设计
		二	定位式数码窗帘图案的设计
		三	数码抱枕图案的设计
		四	数码墙布图案的设计
第九章 /4		●	数码图案的实物效果图制作

注 各院校可根据自身的教学特点和教学计划对课程时数进行调整。

目　录

理论基础

I

理论与实践

理论基础

数码印花概述

课题名称： 数码印花概述

课题内容： 数码印花的特点

数码印花的产品设计

课题时间： 2 课时

教学目的： 学生基本掌握数码印花的特点和设计要求

教学方式： 讲解法、讨论法

教学要求： 1. 了解数码印花的特点

2. 掌握数码印花产品设计的要求

3. 了解数码印花的软件概况

课前（后）准备： 收集数码印花相关文章和图片，了解数码印花与传统印花不同的特点

第一章　数码印花概述

由于计算机技术的不断发展并迅速应用于人类生活的各个领域。21世纪注定是一个快节奏大变革的时代。20世纪末的印花行业还在圆网、平网和转移印花等传统工艺里苦苦探索、激烈竞争，到21世纪初数码印花便风生水起。数码印花技术的诞生不仅大量减少了环境污染，还满足了目前纺织服装业的小批量、高质量、多品种、周期短、开发成本低的生产需求。为我国纺织业向精品化、个性化、高档次的转型升级提供了有力的技术保障。

数码印花技术研究开始于20世纪70年代。在90年代取得快速发展，完成了从技术模型到生产应用的转变。在1999年巴黎国际纺织机械展上，数码喷墨印花系统获得业内广泛关注，此后，原先主要用于纺织印染前期打样的数码印花技术经历了从小批量生产到规模化定制的发展过程。[1]

第一节　数码印花的特点

20世纪，计算机技术的发明，并逐渐渗透进人类生活的各个领域。人们在不知不觉中步入了一个"数字化"时代。数码技术对传统纺织业也产生了深刻的影响，如数码纺织、电脑绣花、数码印花等技术的推广为21世纪的纺织业开辟了一条宽阔的新途径。数码技术应用与印花领域无疑是对传统印花强有力的冲击。

一、传统印花的特点和弊端

人们通常说的传统印花包括圆网印花、平网印花、滚筒印花和手工台版印花。这四种常用的印花工艺和设备各不相同，也有各自的优势和缺点。

1. 圆网印花

图案套色比较分明，套色数受限制。一色用一网，使用中空的圆柱形镍网；需要描稿分色制网；生产速度快，一般500m起印，不适合小订单；印花精度不高，适合各种面料，会产生较多污水和废气。

2. 平网印花

先进的平网印花机可以用8色叠压印出50多种颜色效果，色彩丰富，精度也高；一色用一网，使用平板的丝网；需要描稿分色制网；生产速度快，一般500m起印，不适合小订单；印花精度不高，适合各种面料。会产生较多污水和废气。

3. 滚筒印花

工作原理与印刷类似，一色系一支滚筒；一支滚筒能印出相同色相不同深浅的多层次颜色。精度较高，用圆柱形的金属辊雕刻花纹上色印花。一般先印在纸上，再通过热转移技术将纸上的花纹转移到面料上，只适合化纤类面料。制版成本高，生产速度快，一般不适合小批量订单，会产生少量污水和废气。

4. 手工台版印花

图案套色数较少，套色分明；一色用一网，使用长方形平板丝网；需要描稿分色制版；精度较低，耗费人工，生产效率低；适合小订单；适合各类面料；会产生少量污水废气。可用特殊材料制作烫金、发泡和烂花等效果。

以上几种传统印花存在的弊端如下：

（1）产生较多的污水废气，影响周边环境。

（2）圆网、平网和滚筒印花速度快、效率高，但是批量大，不适合小订单。

（3）手工台版虽然适合小订单，但精度低，人工成本高。

（4）都需要描稿分色制版，周期长，成本高。

随着社会文化的发展、经济的繁荣和科技的进步，人们的生活水平越来越高，审美品位也在不断提升。越来越多的消费者需要精品化、个性化的商品，传统印花很难满足消费者的这些需求。另外，节能环保的要求也使得数码印花在21世纪初占得一席之地并快速普及。

二、数码印花的概念

所谓数码印花，是指通过扫描、相机等数码输入手段将图像输入计算机，或者直接从网络下载可用图片，经过计算机软件的编辑处理后形成数码印花图案，再输入数码印花机用喷墨打印的技术制作印花面料的过程和方法。

数码印花有两种，一是直接将染料喷印在上过浆的纺织品上，印好的纺织品必须经过蒸化、水洗和定型等后处理；二是先将染料喷印到纸上，在用一台热转移机将纸上的图案转移到面料上，不必经过蒸化，可根据需要进行水洗和定型。

三、数码印花的优点

1. 印花精度高，色彩丰富

数码印花的精度能达到1440DPI，远超传统印花的200DPI。喷射印制的色彩数量多达1600万种，几乎等同于彩色喷墨打印的画质。

2. 生产周期短，零制版成本

数码印花不需要描稿分色制版，所以可以节省大量前期准备时间和成本，只需准备好印花图案即可。而传统印花的分色制版需要耗费1周时间及几千元到几万元不等的制版费。

3. 小批量，个性化生产

就如喷墨打印机一般，数码印花的生产数量不受限制。所以适合个性化定制和小批量限量版的产品，非常符合当前年轻人的心理需求。也可用于产品的打样，为传统印花的生产提供实物参考。

4. 节能环保

数码印花的生产用水量仅为传统印花的1/50，能耗为传统印花的1/20。数码印花的染料装在色盒中，生产时如喷墨打印一般，不会产生废染料和多余的化学助剂。因此也没有污水排放，所以有"生态印花"之美誉。

当然，数码印花还具有占用空间小、灵活方便、适用范围广、成品率高等优点。

四、数码印花的设备种类及印花方法

1. 直喷数码印花机

适用于分散、酸性染料、涂料、活性墨水，印花方法是直接在上过浆的半成品纺织物上进行直接喷印的过程。喷印后对纺织品进行烘干、蒸化、水洗、烘干、加柔定型等工艺。图1-1为导带式直喷数码印花机。可以印棉麻、真丝等天然纤维面料。

2. 热转印数码印花机

将打印染料打印到打印纸上，再利用热转印印花机械把纸上的图案转印到纺织品上。其优点是比较高的精度，但印花效率低，适合印化纤类面料。通常要与热转印机配套使用。图1-2为转移数码印花机，图1-3为热转印花机。其中大多数转印面料都是经过半成品处理的且没有加过柔软剂的，柔软剂的会影响上色率。

图 1-1　直喷数码印花机

图 1-2　转移数码印花机

图 1-3　热转数码印花机

3.T恤数码印花机

T恤成衣直喷印花和裁片数码印花有幅宽限制，无导带辅助，要求每一块布匹的大小都是相同的，服装印花图案位置都要统一，每件服装的印花都要求花型是一模一样的，一片片地打印（图1-4）。打印好的图要用压烫机压过，才能固色。

图1-4　T恤数码印花机

第二节　数码印花的产品设计

数码技术的发展不仅为数码图案在纺织面料上进行创新的艺术设计提供了有力的技术支持，而且使图案和服装、纺织面料能更紧密、快速地联系起来。在传统印花技术向数码印花技术的发展过渡有了一个重大突破的同时，我们必须考虑与这一技术相配套的产品创意开发的问题。

因为数码印花有小批量和多品种的特点，导致对数码印花图案的需求量不断增加。而数码印花的工艺特点也使得图案的风格和设计方法与以往产生了较大的不同。

（1）传统印花图案因为需要制版（一色一网），要考虑套色的难度和成本的核算，所以在用色上有所限制（图1-5）。而数码印花不需要制网，也不需要对版，所以图案的用色就不受限制。在图案纹样或构成元素的选择上范围很广，摄影作品、绘画作品和矢量图形均可使用（图1-6）。

图1-5　传统印花图案

图1-6　数码印花图案

（2）数码印花工艺的本身质量很好，精度很高，非常细小的细节也可完美呈现。这就要求图案设计时选用清晰的高精度元素。如果图案素材精度低，数码印花产品品质便会降低；同时设计过程中对元素的处理要非常细致，避免出现图案中的硬伤。

（3）传统印花图案的循环单位尺寸受网版尺寸的限制，循环单位的尺寸乘整数后必须等于网版的圆周或宽度，否则无法接版印制。而数码印花不用制网，其循环单位尺寸便不用受网版限制，可以使用任意大小的尺寸。目前用来做巨幅墙布的尺寸达300cm×280cm，甚至更大。

（4）传统印花色彩过渡和明暗变化要依赖泥点、撇丝、云纹等技法进行表现。数码印花工艺不必借用此类技法便能轻松表现色彩的丰富变化。从某种程度上降低了图案设计的难度。但上述技法在长期的传统印花中已然是一种经典。因此，即便在没有工艺要求的数码印花中也仍在使用，只不过此类原始素材会在其他绘图软件如Coredraw、Illustrator、AT20000等软件中绘制，或是手工画稿扫描输入。

（5）数码印花图案设计通常会使用网络资源，必须注意图案的原创性。网络资源只能作为参考或元素使用，图案成稿与原始素材的差异一般必须在50%以上。绝对不可以照搬照抄，引起版权之争。

数码印花图案通常会充分利用计算机辅助设计技术直接在计算机里进行设计，极大地丰富了图案的设计创作形式，拓宽了纺织品创作范畴以及人们的视觉领域，产生了全新另类的图案造型风格，在实现面料个性化设计的同时传递出现代时尚气息，迎合了消费者的审美需求。

数码印花图案设计软件有很多，如纺织图案专业分色软件AT20000、EX9000、秋风分色、变色龙，用于图形设计的Coredraw、Illustrator、Freehand，用于图像处理的Photoshop、Painter等，但最常用的设计软件是Photoshop。

1990年2月，Adobe公司推出Photoshop1.0，2005年5月升级版本为Photoshop CS2，即Photoshop9.0。之后不断更新，陆续推出了Photoshop CS3、Photoshop CS4、Photoshop CS5、Photoshop CS6、Photoshop Cc等多个版本。该软件是一个跨平台的平面图像处理软件。在全世界的平面设计中应用广泛，尤其是在广告制作、数码照片处理、插画设计、网页设计以及最新的3D效果制作等领域发挥着巨大作用。分色软件和图形设计软件主要用于高质量纹样元素的绘制设计，为在Photoshop软件中进行数码印花图案设计提供素材的支持。

Photoshop在数码印花图案设计中的优势如下：

（1）其优势在于对已有的位图图像进行编辑、加工、处理以及运用一些特殊效果。

（2）Photoshop具有强大的图像合成功能，常被用于图像特效合成。此类设计在视觉上具有强劲的冲击力，能在第一时间吸引人们的视线，为数码图案营造出完全不同于以往传统图案的视觉感受，新颖而独特。

（3）运用Photoshop中的画笔工具、图层混合模式、滤镜功能以及色彩调整的诸多功能，进行图形元素和图像效果的创新，制作出独特的设计作品。

（4）运用Photoshop中的图层功能，可以分层进行设计处理，便于各层色彩和效果的调整和修改。

（5）运用Photoshop中的位移功能，可以实现一个循环单位的数码图案的准确接版。

（6）Photoshop中图像—调整菜单下的强大调色选项可以使数码图案的色彩变化丰富。

（7）滤镜的强大功能可以使同样的原始素材图像变化出许多奇妙的效果，使数码图案的风格别具一格。

（8）运用Photoshop中的强大功能，可以轻松制作数码印花的实物模拟，预先展示数码图案的服装或家纺效果。

Photoshop的强大功能和诸多优势，决定了它成为数码印花设计的首选软件。

本章小结

数码印花技术的推广为21世纪的纺织业开辟了一条宽阔的新途径。比之于传统印花，数码印花具有印花精度高、色彩丰富、生产周期短、零制版成本、小批量、个性化生产、节能环保、占用空间小、灵活方便、适用范围广、成品率高等优点。数码印花的设备种类主要有三种：直喷数码印花机、热转印数码印花机和T恤数码印花机。

数码印花图案的用色不受限制。在图案纹样或构成元素的选择上范围很广，摄影作品、绘画作品和矢量图形均可，图案设计时选用清晰的高精度元素。设计过程中对元素的处理要非常细致，避免出现图案中的硬伤。数码印花不用制网，其循环单位尺寸便不用受网版限制，可以使用任意大小的尺寸。数码印花图案必须注意图案的原创性。网络资源只能作为参考或元素使用，图案成稿与原始素材的差异一般必须在50%以上。数码印花图案通常会充分利用计算机辅助设计技术直接在计算机里进行设计，这极大地丰富了图案的设计创作形式，拓宽了纺织品创作范畴以及人们的视觉领域。

Photoshop是数码印花设计的首选软件。它有强大的图像合成功能，为数码图案营造出完全不同于以往传统图案的视觉感受，新颖而独特。Photoshop中的位移功能，可以实现一个循环单位的数码图案的准确接版。图像—调整菜单下的强大调色选项可以使数码图案的色彩变化丰富。滤镜的强大功能可以使同样的原始素材图像变化出许多奇妙的效果，使数码图案的风格别具一格。运用Photoshop中的强大功能，可以轻松制作数码印花的实物模拟，预先展示数码图案的服装家纺效果。

思考题

1. 从数码印花工艺的特点出发，我们应该如何设计数码印花图案？

2. 用Photoshop设计数码印花图案，一定会用到哪些功能？

实践题

收集20幅今年春夏流行的数码印花图案，分析归纳图案的流行类型。

理论基础

基础图案概述

课题名称： 基础图案概述

课题内容： 形式美法则

图案的纹样与表现技法

图案的类型和组织

图案的色彩

课题时间： 10课时

教学目的： 学生对于基础图案知识有较全面的了解，并能手绘设计基础图案

教学方式： 讲解法、讨论法、练习法

教学要求： 1. 基本理解并能运用图案的形式美法则

2. 了解图案的纹样与表现技法；能按图案的配色规律进行恰当配色

3. 了解图案的类型与组织，并能做简单设计

课前（后）准备： 收集基础图案相关文章和图片，了解不同类型基础图案的特点

第二章　基础图案概述

在学习数码印花图案设计之前，必须先学习了解图案的基础知识。图案的最初定义是指用图样呈现的设计方案。从广义上讲，是指一切视觉物体的实用与美观相结合的设计方案；从狭义上讲，一般指装饰在各种生活日用品、工艺品、建筑物上的纹样组合及色彩设计。

作为附着于器物的装饰元素，图案具有三重属性：一是精神领域的审美性，二是生产领域的实用性，三是商品领域的经济性。一幅图案作品的优劣，须从这三重属性上去考量。审美性可以从形式美法则上来评价衡量。实用性是指要满足消费者的实用要求和生产工艺的制作要求。经济性是指要合理减少图案加工的成本，提高商品利润。

学习基础图案，我们可以先了解图案的形式美法则，然后再从图案的三要素——纹样、组织、色彩着手把握图案的知识体系。

第一节　形式美法则

形式美法则存在于一切事物生长规律中，也是人类长期生活、生产、劳动的经验积累。主要包括内容美和形式美两方面。内容和形式的辩证统一关系，是图案发展的普遍规律。而形式美法则是视觉艺术领域的统一评价准则。因此认真研究图案的形式美法则非常必要。

一、变化与统一

它是图案构成的基本原理。变化就是图案的各元素在形状、色彩等方面存在较大差别，画面有视觉冲突的美感。如形的疏与密、大与小、黑与白、长与短、方与圆、曲与直等在画面上交错运行，会产生丰富活跃的画面感。但过多的变化因素会产生杂乱感，令人烦躁。

统一是指图案元素之间的一致性，形式整齐有秩序。在图案设计中，就是把性质相同或类似的图案并置在一起，给人们视觉上造成一种一致的或具有一致趋势的感觉。形状和色彩的一致性，排列的秩序性都会产生统一的美感。当然过分的统一也会造成呆板单调的感觉。

变化与统一的美通常借用对比与调和的手段来实现。而对比和调和运用的火候最能体现图案的审美价值（图2-1），相同的树形元素的重复使用产生了统一和谐的美感，不同的色彩和不规则的排列又营造了变化的美感。

二、均齐与均衡

均齐与均衡是指装饰图案常见的构图方式。均齐即对称，它是在假设的中心线或中心点的左右、上下或多个位配置同量、同色、同形的结构形式。在自然界和生活中也存在大量的均齐实例，如人体结构、蝴蝶翅膀等。形式庄重严谨。

均衡也称平衡，在假设的中心点或中轴线左右或周围配置不等形、不等量或不同色的纹样组合。虽不对称，但是纹样的分布轻重能保持一种心理上的平衡。形式灵活多变。

三、条理与反复

条理，是指造型元素间有规律的排列布置。反复是指相同元素按照一定规律重复出现。在很多艺术表现中，反复形式都采用得很多，如建筑、音乐、舞蹈等。它是图案设计区别于绘画艺术的显著特点。因此引申出图案的另一条形式美法则——节奏与韵律。反复的形式使人产生单纯、和谐、清新、美丽和无限的感觉，它能增强人的视觉装饰感受。如图2-2所示的二方连续图案就是一个循环单元的重复出现。

四、节奏与韵律

节奏，在图案里指线条、块面、色彩等造型元素的规律性重复排列。它是人们的视线在时间上所做的有秩序的动作过程，在这个过程中，不同的造型、色彩等元素的交替或重复出现，就给人以强弱有致、舒缓有序的节奏感。装饰图案中通常利用一个基本元素、单位或纹样组合的反复和连续的展现或使用来营造一种节奏感。

韵律，原来是指音乐、诗歌中的声韵和节律，和谐为韵，有规律的节奏为律。在装饰图案中，韵律主要是指造型、色彩等要素规律、秩序性地排列或组合，使之产生既和谐统一、又富于变化的艺术效果。图2-2所示因优美的纹样造型和重复的组织形式而产生的节奏与韵律之美。

图2-1　变化与统一之美

图2-2　节奏与韵律之美

五、比例与尺度

比例是指物体的整体和局部、局部和

局部之间长度、体积和面积等的比例关系。尺度是指物体的横宽、竖长的实际尺寸。良好恰当的比例尺度可以使图案达到既赏心悦目又合理自然的效果。

第二节　图案的纹样与表现技法

图案的纹样是指排除色彩和构图因素的花纹元素。在计算机技术尚未应用到印花领域的年代里，传统印花的图案基本上靠手工绘制获得，连分色制版也是需要手工将图案的每一套色分别绘制在胶片上，连晒后才能制版。

在图案设计的最初环节，通常将写生或临摹得到的原始素材图片进行加工变化。必须根据生产工艺和实用的要求进行再创造，最后才设计完成优秀的图案作品。当然，在计算机技术和网络如此发达的今天，不少设计师开始使用网络资源。

一、图案写生

设计师通过写生的方法从生活中搜集素材，对生活中的具体事物进行描绘，把生活中最生动的自然形象描绘下来。常用的写生方法如下：

1. 线描法

以线造型，用单纯的线来表现物体。如中国画中的白描和现代的硬笔线描速写，图2-3所示为线描法表现的百合花。

2. 淡彩法

先进行线描或素描写生，然后用水彩

或彩铅上色，把物体的颜色记录下来。这种写生法除要求造型准确、结构严谨外，还要准确记录色彩及明暗关系，如图2-4所示为德国植物艺术家奥托·威廉手绘的芍药花。

3. 影绘法

影绘法是最大限度地简化内部，而强化形象轮廓特征的一种写生手法。

我们写生收集的自然形象，不能直接用于装饰，需要进行提炼、概括、集中美的特征，通过省略法、夸张法等艺术手法，

图 2-3　线描法表现的百合图案

图2-4 奥托手绘的芍药花图案

创造出符合装饰目的又适合生产要求的图案形象，这一艺术加工过程，就是变化的过程。

二、图案的变化

一般分为具象和抽象两种表现形式。接近真实形象的具象图案，从真实形象中脱离出来，经过提炼变化用点、线、面等几何元素表达的为抽象图案。

常用的手法有以下几种：

1. 省略法

即把繁琐的、次要的部分删减，保留其最有特征的部分，再加以美化。

2. 夸张法

即在省略的基础上，夸张主要对象的特征，突出对象的神态、形态。"不求画面的逼真，只求形象的神似"，夸张要有意境，要有装饰性。

3. 添加法

即将省略、夸张了的形象，根据设计要求，使之更丰富的手法，是一种先减后加的手法，但不是回到原来的形态，而是对原来形象的加工、提炼，使之更加美化，添加其他纹样，但应该注意添加的原则是必须适合、实用，而且添加后不失主纹样的特征。如传统纹样中的花中套花，花中套叶，叶中套花。

4. 几何法

即将自然物象归纳成几何形状，用点、线、面等组合成几何形图案的一种方法，具有极好的装饰效果与艺术魅力。

5. 创意法

即把一定的理想和美好的愿望，通过多种元素的巧妙组合的图案进行寄托，来表示对某事的赞颂与祝愿。这是民间图案常用的一种手法。

6. 打散重构法

它的原理是强调物质重新组合作用，给装饰设计带来比较新的意境和情调，他的创意性更强，同时也给人们的造型思维开辟新的途径。

传统意义上的图案纹样通常会经过以上几种手法进行变化获得，再根据应用领域的需要经过合理的布局组合，配置合适的协调的色彩。最终形成一幅装饰性、实用性和经济性统一的图案作品。

三、图案的表现技法

1. 线描填色法

纹样结构轮廓用线条表现，然后填充色块。线条可虚可实，也可以是均匀的线条，也可以是粗细变化的线条。图2-5所示为金色勾线填色的对称欧式纹样。

2. 影绘法

用单色平涂物象进行提炼造型，一般

只体现外形轮廓。也有将内部结构线留白来丰富纹样。图2-6所示花叶表现手法为影绘法。

3. 撇丝法

撇丝是一种由粗到细渐变的短线，如中国书法中的撇划，又因其细，所以称之为撇丝。通常通过一组撇丝的整齐排列来表达色彩和明暗的变化，是传统印花图案中常用的表达明暗关系，营造立体感的重要方式。图2-7所示为通过深浅撇丝来表现花卉和卷草纹的色彩明暗。

4. 泥点法

通过细腻规则的点子疏密排列的变化来体现色彩的深浅过渡。通过几层不同深浅的泥点可以塑造出丰富的明暗效果，传统印花中常用。图2-8所示为用泥点的表现手法加深暗部并自然过渡。

图 2-5　勾线填色法表现的欧式图案

图 2-6　影绘法表现的花卉图案

图 2-7　撇丝法表现的花卉和卷草纹图案

图 2-8　泥点法表现的写实花卉图案

5.云纹法

通过喷雾器可以喷出色彩的浓淡变化，造成非常细腻柔和的自然过渡，目前多用计算机软件绘制。图2-9所示为用AT2000软件云纹工具绘制的细腻花叶。

图2-9　AT2000软件绘制的云纹花卉图案

第三节　图案的类型和组织

由于图案的用途、空间、制作工艺以及地域文化的不同，世界各地的图案形态纷呈，风格各异。从不同的角度出发，图案可以分成以下不同的类型：

（1）从理论与实践的关系看，可分为基础图案和工艺图案（专业）。

（2）用途上分，可分为实用图案和观赏图案。

（3）从呈现状态看，有平面图案和立体图案两种。平面图案是指在平面物上所进行的装饰，如各类纺织品、装饰画、壁纸、地毯等。立体图案是指为具有三维空间的器物所做的造型、构成、色彩设计，包含各种日用品、工业品的造型设计，如陶瓷、塑料器皿、儿童玩具、灯具、服装衣帽、家用电器、汽车、橱窗布置及家具等。本章要阐述的是狭义的平面图案。

（4）从表现形式上分，有具象图案和抽象图案。

（5）从图案的组织形式上分，最专业也最常用。组织是指图案的各个纹样元素间的排列布局，也称排版。纹样元素的不同排列布局会形成不同的图案形式。

一、单独图案

单独图案是指能独立存在、独立运用的图案组织形式，是纹样构成的重要基础。主要有自由图案、角隅图案、适合图案和填充图案四种。

1.自由图案

自由图案是指纹样构图不受外轮廓限制的一种独立运用的图案形式，可以用来装饰服装、家纺和其他日用品的特殊部位（图2-10、图2-11）。

2.角隅图案

角隅图案是指适应成角空间里进行装饰的一种图案形式，大多为直角。一般要求在沿边部位纹样达到基本适合边缘，另一方向则可以灵活自由表现（图2-12）。

3. 适合图案

适合图案是指外形适合于一定几何形和自然形的可以独立存在、独立运用的单独图案。常用的外形有圆形、方形、三角形、菱形、多边形、心形、梅花形。适合纹样在中国传统图案中占有很大比重。

在适合图案的设计中，除了均衡式灵活布局外，均齐式又派生出直立式（以垂直中分线为中心轴在左右放置同形同量的纹样）、等分式（把几个同形同量的纹样均匀放置）、旋转式（同一纹样旋转重复三次或三次以上的形式）、转换式（一个纹样旋转重复两次）和多层式（由内外几层纹样共同构成）等骨骼形式（图案构架）。在这些骨骼形式，使得几千年来的东西方适合纹样丰富多彩。这些骨骼的综合使用可以变化出更为丰富的图案形式，使装饰图案更加精美绝伦（图2-13~图2-16）。

图2-10 均衡的自由图案

图2-11 对称的自由图案

图2-12 对称式角隅图案

图2-13 直立式对称的适合图案

图2-14 八等分的适合图案

图2-15 转换式的圆形适合图案

4. 填充图案

填充图案是指在一定的空间里填充上一些纹样元素，形成具有整体感的装饰图案。在每一种单独图案设计时，都会有均齐（也就是对称）和均衡两种布局手法。均齐布局的单独图案具有庄重、严谨和高贵的美感，均衡的单独图案活泼、生动、自由，具有动态感（图2-17）。

二、连续图案

连续图案是指由一个基本单位纹样无限制重复并且可以无缝连接的图案形式，包括二方连续、四方连续和边缘连续。

1. 二方连续

二方连续是一种可以循环和反复连续排列的装饰图案形式。它采用一个或两个以上带有连续性的单独纹样组成循环单位向左右或上下做有条理的反复排列，也称花边图案和带状纹样。左右连续的为横式二方连续，如图2-18所示。上下连续的为纵式二方连续，如图2-19所示。

常用的二方连续构图形式有以下几种：

（1）散点式：主要纹样呈点状分布，空处补充辅助纹样，图2-20所示有两个散点组成一个单位进行重复连续。

（2）波线式：主次纹样在波浪线上面或两侧均匀分布，图2-18所示是由一组波线式花卉二方连续和一组波线式抽象二方连续构成。

图2-16 多层式的适合图案

图2-17 填充图案

图2-18 横式二方连续图案

图 2-19　纵式二方连续图案

图 2-20　散点式二方连续图案

图 2-21　折线式二方连续图案

图 2-22　连环式二方连续图案

（3）折线式：以折线为骨架，填充互为转换的统一纹样，图2-21所示。

（4）水平式：骨架线为并行直线或平行曲线，纹样穿插其中。

（5）连环式：将巧妙连接的几何形作为骨架，补充合适的纹样。图2-19、图2-22所示。

（6）转换式：统一纹样朝上和朝下反复排列构成。图2-21所示也是转换式二方连续。

（7）综合式：将上述两种以上骨架进行综合运用后产生新的骨架形式。

二方连续图案在纺织品设计中应用很广，在各类服装和家纺设计中均占有很大比重。几组二方连续图案的组合可以组成四方连续，体现民族特色。纺织品匹料的定位图案多数属于二方连续图案，图2-23所示便是由多种二方连续图案组成的女装定位图案。

2. 四方连续

四方连续是以一个或两个以上单独纹样为基本循环单位，向上、下、左、右四个方向排列的图案形式为四方连续，俗称满版花。

图 2-23　二方连续组合图案

3. 边缘连续

边缘连续图案常用于器物（如盆、盘、地毯等）的边缘装饰，是二方连续图案在特定形式范围内的一种特殊连续方式。受外框的形状、大小、长度和角度的限制，不能向两个方向无限连续，而是通过几个单位的重复连续后最终缝合，如图2-24所示。边缘图案与适合图案结合使用，可以产生丰富奢华的装饰图案，如图2-25所示。

循环单位也称花回、回头。要分析成品布样的花回，一般来说，画面上四个最近距离的相同重复点连成的矩形块面就是该图案的一个循环单位。在图案设计时，只要设计一个循环单位的图案即可。

（1）四方连续的组织形式：

①散点式：在一个循环单位里，有一个或几个互不相连的纹样错落放置的组织形式，可以均匀排列或疏密自然放置，是四方连续最简单的组织形式（图2-26）。

②缠枝式：一个循环单位里的纹样通过线条或枝叶相互联系，互为一体的组织形式。形成植物无限延伸之感，在中国的传统蓝印花布和欧洲古典花卉纹样中常见（图2-27）。

③连缀式：纹样通过严格重复的几何骨架布局的形式，在传统图案中常见（图2-28）。

④重叠式：在一个循环单位里，一个或几个纹样重叠排列，形成丰富的层次感的图案形式。底下的纹样称地纹，上面的主要纹样称浮纹（图2-29）。连缀式与重叠式结合的四方连续图案如图2-30所示。

图2-24　圆盘边缘图案

图2-25　由边缘图案和适合图案结合的地毯图案

图2-26　散点式四方连续图案

图2-27　缠枝式四方连续图案

（2）四方连续的接版方式：四方连续的一个循环单位在向上下左右方向重复时，按相近单位的位置关系分为平接和斜接两种。

①平接：是指一个单位图案向上下左右重复时为平行移动，左右边缘或上下边缘分别重合，且纹样严格拼接成完整图形（图2-31）。

②斜接：又称跳接、错接，是指一个单位图案向上下左右重复时为斜向移动，左右边缘或上下边缘中有一边重合，另一边部分重合。重合处且纹样严格拼接成完整图形。其中斜接的一边多为1/2和1/3错开重合。左右边缘错开的称垂直斜接（图2-32），上下边缘错开的称水平斜接（图2-33）。

图 2-28　连缀式四方连续图案

图 2-29　重叠式四方连续图案

图 2-30　连缀式与重叠式结合四方连续图案

图 2-31　平接四方连续图案

图 2-32　垂直斜接四方连续图案

图 2-33　水平斜接四方连续图案

第四节　图案的色彩

一、色彩的基本知识

色彩在图案中起着至关重要的作用，色彩能通过观者的眼睛引起人们的心理反应，如柔和的浅蓝色调让人感觉宁静、平和，浓烈的红色调让人热血沸腾。在一幅图案中，除了每个颜色有着特殊的个性外，色彩与色彩之间的关系处理都影响着整个图案的色彩和谐程度。就每个独立的色彩而言，均具有三个重要特性——色相、明度和纯度。人们称之为色彩的三要素。

1.色彩的三要素

（1）色相：色彩的外观相貌，是色彩最基本的特点。

①十二色相环：是一个最基本的分析色彩的工具，红、黄、蓝三种原色三足鼎立，每两个之间为三格，布置两个原色色调出的间色，组成一个循环，如图2-34所示。三原色（洋红、柠檬黄、湖蓝）可以调出别色，却不可以由别色调出。间色是由两种原色调出的颜色，在色相环中除三原色以外的颜色均为间色。最典型的间色是绿、橙、紫。复色是由三种原色调出的颜色，如赭石、墨绿、土黄等。

②各种色相在色相环中的关系：同类色关系，两色相距30°以内；类似色关系，两色相距50°左右；对比色关系，两色相距120°以上；互补色关系，两色相距180°。

（2）明度（色彩的明暗程度）：色相环上各色的明度各不相同；加黑色和白色可以改变色彩的明度，但不改变色相；加其他颜色也可以改变明度，但也会改变色相。色彩明度处理的好坏决定了画面的层次感。

（3）纯度（色彩的鲜艳程度）：虽然色环中的各色纯度都很高，但各色之间也有鲜艳程度上的差别。每个颜色加入别色，纯度均有改变；纯度的高低还与材料的质地有关；色彩的纯度推移，可由该色渐次加相同明度的灰色来体现。

2.色立体

色立体是一个科学分析色彩的工具，从中我们可以分析出每种颜色的色相、明度和纯度关系。图2-35所示是色立体的示意图。

构成：以明度色标为中心轴，形成上白下黑的色彩过渡；色相环围绕中心轴，每个色相向上渐次加白，向下渐次加黑，明度上高下低。

图2-34　十二色相环

图 2-35　色立体示意图

色相环向中心轴作垂线为纯度色标，向内渐次加同明度的灰色，纯度外高内低。黑、白、灰纯度最低，为零。

二、色彩的心理联想和象征

人类由于长期在大自然中生活而形成对各种色彩的经验性理解。看到一种色彩，不但会产生很多相关的联想，还会引起不同的心理感受。例如：

红色：苹果、西瓜、红旗、火焰、鲜血、甜腻、热情、革命、悲壮、危险、禁止等。

黄色：柠檬、向日葵、秋天的田野、酸甜、快乐、希望、光明、权威、宗教。

橙色：橙子、太阳、修路工服装、甘甜、温暖、警示、开朗。

绿色：青梅、草原、青山、绿树、酸涩、生命、宁静、新鲜、中庸。

紫色：葡萄、勿忘我、幽雅、古典、高贵、忧郁。

蓝色：大海、天空、冷峻、安静、孤独、清凉、悠远。

黑色：黑夜、恐惧、严肃、庄重、悲哀、沉闷、压抑、神秘。

白色：白雪、百合、纯洁、干净、清爽、神圣、虚无。

三、色彩的情感特征

1. 色彩的冷暖感

在色相环上暖极为红橙色，冷极为蓝色，中性色为紫色和绿色，以中性色为界，靠近暖极的是暖色，靠近冷极的是冷色。冷暖感在配色中的应用可以使图案具有明显的色性调子。如图2-36、图2-37所示分别为同一图案的冷色调配色和暖色调配色。

图 2-36　冷色调方巾图案

图 2-37　暖色调方巾图案

各种纯色加黑白灰后会削弱其冷暖程度。

2. 色彩的分量感

分量感由明度决定，高明度感觉轻，低明度感觉重。

3. 色彩的华丽与质朴感

由纯度和色相决定，高纯度色华丽，低纯度色质朴；色彩的华丽与质朴感还与材料的质地有关。

4. 色彩的进退与胀缩感

由色彩的冷暖和明度决定；暖色和高明度色给人前进、膨胀的感觉；在图2-38所示中同样大小的色块，红、橙、黄在视觉上明显大过蓝和紫。同时，红、橙、黄还给人前进的感觉，而蓝、紫、黑给人后退的感觉。

冷色和低明度色后退、收缩；进退感决定画面层次，偏重于明度；胀缩感偏重于冷暖因素。

四、色彩的视错

不同大小和颜色的色块组合在一起，会产生不同于色彩独置时的视觉效果。面积小的颜色会受面积大的色块影响，扩大色彩的色相、明度和纯度的差异。

五、色彩的对比

1. 色相对比

在色相环中相距越远的两色对比越强，并置时越醒目。对比过强时，会刺激视觉神经，造成不适感。色相的相对统一有助于体现色调感。可以通过降低一方的纯度来削弱色相对比引起的视觉刺激感。

2. 明度对比

不同明度的色彩组合在一起，会产生明度对比。明度差异越大，对比也就越强。黑与白的组合是最强的明度对比。在图案中多种明度共存可以丰富画面的层次感；图案的配色中必须拉开一定的明度反差；图2-39所示中因为各色明度的反差使得即便同色调也依然能有清晰地画面感。

不同明度的色彩会产生不同的轻重感，同时还会产生膨胀与收缩、前进与后退的错觉。这正是平面设计领域中营造画面层次感的主要依据。

图2-38　色彩的胀缩与进退

图2-39　同一色调的色彩调和法

3. 纯度对比

不同纯度的色彩组合在一起，会因为纯度差异而产生对比。在实际应用中，纯度对比不仅可以使画面在统一中产生色彩的变化，也可以有效突现主体物，使对象主次分明。

4. 冷暖对比

在所有色彩通过视觉带给人们的感觉中，冷暖感是最为强烈的。不同冷暖感的色彩组合在一起，会产生冷暖对比。适当拉开色相对比和冷暖对比可以使形象鲜明。

在通常的配色中，都会选择有一定冷暖倾向的色彩进行组合，同时适当拉开一定程度的冷暖反差或加入少量的冷暖对比色。如图2-36所示冷色调的图案中加入略暖的黄绿色的叶子，如寒冷冬天里的一抹暖阳，非常美好。而图2-37所示暖调中保留紫色花的微冷也使得图案丰富优雅。

六、色彩的调和方法

1. 特种色间隔法

用黑白灰和金银色间隔对比过于强烈的相邻色块，不但可以减少对比引起的视

觉冲突，也可以起到强调轮廓的作用。如图2-40所示采用黑色勾边间隔对蓝和橙的强对比进行色彩调和。

2. 同一色调调和法

用不同明度纯度的同类色或相近色进行色彩搭配，可以减少色彩冲突，使配色和谐悦目。如图2-39所示采用了相同的蓝色调进行配色，降低对比因素，很柔和。

3. 混入同一色相调和法

使冲突较大的颜色均混入相同的色相，通过各色相似因素的增加而显得柔和协调。如图2-41所示在各种用到的颜色里均加入了黄色元素，使画面色彩协调统一。

4. 复色调和法

复色含有三原色的成分，所以与其他颜色都有相似性，因此加入后可以起到调和各色的作用。图2-37所示的咖啡色和浅卡其底色都属于复色，因此画面非常协调。

5. 秩序调和法

通过逐渐变化的方法来缓和两种颜色的强烈对比。如图2-42所示运用色彩的渐变正是秩序调和法削弱色彩的对比的范例。

图 2-40 黑色勾边进行色彩调和　　　　图 2-41 混入同一色相的调和法

图 2-42　通过秩序调和法削弱色彩的对比

以上方法，在一幅图案的色彩设计时可以几种同时使用，调和效果更明显。

七、图案的配色策划

图案的色彩设计是非常微妙的，人们可以通过以下几个环节来进行：

1. 立意设想

设定一种图案色彩的情感类型，如柔和、沉稳、活跃、热烈等。然后选择色调，确立一种图案的色彩倾向。色调可以从不同的角度来分析，包括色性调子（冷色调、暖色调、中性色调）、明度调子（亮色调、暗色调）和色相色调（红色调、黄色调、绿色调）。色调常由底布颜色来决定。

2. 确定套色数

根据已经确定的色调选择相关的颜色。在选择每种颜色时，要掌握适度对比的原则。避免各色过于类似或差异过大两种情况。

3. 确定各色在图案中的面积和位置

主要对象用主色，次要对象用陪衬色。

4. 调整色彩三要素

按照适度对比的原则调整对比色的色相、明度和纯度，务必起到既协调统一又画龙点睛的作用。

本章小结

图案是指装饰在各种生活日用品、工艺品、建筑物上的纹样组合及色彩设计。图案具有三重属性：一是精神领域的审美性，二是生产领域的实用性，三是商品领域的经济性。我们可以从变化与统一、均齐与均衡、条理与反复、节奏与韵律、比例与尺度等形式美法则上来评价衡量图案的审美性。

图案设计可以从线描法、淡彩法、影绘法等写生方法入手，收集纹样元素，在经过省略法、夸张法、添加法、几何法、创意法、打散重构法等变化手法重新创造图案纹样。在图案纹样的设计中，经常采用线描填色法、影绘法、撇丝法、泥点法、云纹法等技法进行表现。

按图案的组织形式分类，图案可以分为单独图案和连续图案。单独图案又可以分为自由图案、角隅图案、适合图案和填充图案。连续图案分为二方连续图案、四方连续图案和边缘连续图案。自由图案是指纹样构图不受外轮廓限制的一种独立运用的图案形式；角隅图案是指适应成角空间里进行装饰的一种图案形式；适合图案是指外形适合于一定几何形和自然形的可以独立存在、独立运用的单独图案。填充图案是指在一定的空间里填充上一些纹样元素，形成具有整体感的装饰图案。二方连续是采用一个或两个以上带有连续性的单独纹样组成循环单位向左右或上下作有条理的反复排列。也称花边图案和带状纹样。四方连续是以一个或两个以上单独纹样为基本循环单位，向上下、左右四个方向排列的图案形式。四方连续的组织形式有散点式、缠枝式、连缀式和重叠式。接版形式有平接和斜接。

从色彩的色相、明度和纯度三要素着手可以分析图案的色彩规律。从色相环和色立体中可以分析出每块色彩的色相、明度、纯度以及两种颜色之间的关系。不同的色彩会产生很多相关的联想，引起不同的心理感受。因此色彩具有冷暖感、分量感、进退与胀缩感等情感特征。而色彩的情感特征通常是形成作品感染力的主要因素。

思考题

1. 图案的形式美法则有哪些？通常体现在图案的哪些地方？请举例说明。

2. 图案的写生方法和变化方法分别有哪些？图案的常用技法有哪些？

3. 按组织形式分，图案有哪些种类？分别有什么特点？

4. 如何从色彩的三要素入手去分析色彩关系？

5. 如何运用色彩的情感特征规划图案的色彩？

实践题

用线描法写生一束花卉，并用三种方法变化成图案纹样，再分别设计成适合图案、二方连续图案和四方连续图案。分别用冷色调、暖色调和中性色调，用水笔和麦克笔绘制。

Photoshop CS6 软件基础

课题名称： Photoshop CS6 软件基础

课题内容： Photoshop CS6 的界面和基本操作

     Photoshop CS6 的菜单

     Photoshop CS6 的工具箱

     Photoshop CS6 的浮动面板

课题时间： 16 课时

教学目的： 为后面的数码印花设计打好 Photoshop 软件的操作基础

教学方式： 讲解法、演示法、练习法

教学要求： 1. 了解 Photoshop CS6 的界面、菜单的功能

     2. 掌握工具和面板的使用

     3. 掌握 Photoshop CS6 的常用操作

课前（后）准备： 在自备的计算机里安装好 Photoshop CS6 软件

第三章　Photoshop CS6 软件基础

在数码印花出现之前，传统的印花经历了漫长的从纯手工到计算机技术的逐渐应用的过程。从20世纪90年代开始，印花行业从手工描稿分色过渡到利用计算机软件进行分色，不但加快了速度，也提高了分色的质量。而印花图案的设计也由此从单纯的手工绘画逐渐走向计算机辅助的设计形式。有不少设计师直接在EX9000、宏华ATSL、秋风、变色龙等计算机分色软件里绘制图案元素和排版设计。在分色软件内设计的图案可以直接分色，所以更加有助于生产效率的提高。这种设计方法直到现在仍然被普通印花行业广为接受。

21世纪初，数码印花的出现并迅速推广。对图案的设计提出了更高的要求。Photoshop因其强大且不断更新的图像处理功能，成为数码印花设计的首选软件。它可以制作出完美、不可思议的合成图像。Photoshop CS6 是Adobe 公司推出的新版本，它支持多种图像格式、多种颜色模式、多图层图像处理，这为设计者们提供了更多的方便，更利于提高图像设计的效率和质量。本书对于数码印花图案设计的相关探索和研究，阐述的知识和技能，基本上是以Photoshop CS6 为依据进行的。

第一节　Photoshop CS6 的界面和基本操作

一、Photoshop CS6 的基本操作

1. 安装和卸载 Photoshop CS6 软件

（1）安装软件：找到准备好的安装程序文件（后缀有.exe），双击打开对话框后按照提示进行软件安装。

（2）卸载软件：单击电脑右下角"开始→控制面板→添加\删除程序"，在列表中找到要删除的Photoshop CS6软件，单击"删除"按钮。

在进行软件卸载的时候，一定要将软件全部卸载干净，才不会影响重新安装Photoshop后软件的应用。

2. 启动 Photoshop CS6

除了双击桌面的Photoshop CS6快捷方式图标启动Photoshop CS4软件外，还可以在桌面左下角单击"开始"按钮，在弹出

的"开始"菜单中执行"所有程序>Adobe Photoshop CS4"命令启动Photoshop CS6。

3. 关闭 Photoshop CS6

单击界面右上角的"关闭"按钮即可退出。也可以执行"文件→退出"命令。另外，快捷键"Ctrl+Q"也可导出退出对话框。

4. 设置首选项

点开编辑菜单中的首选项设置，可以进行包括常规、界面、文件处理、性能、光标、单位与标尺设置、网格与参考线设置等选项设置。点击每个项目的名称，可以打开各自的设置对话框。根据需要，可以通过首选项设置更改操作环境。在首选项里，最常用的是性能设置，在编辑图像时，Photoshop使用操作系统所在的硬盘驱动器作为默认主暂存盘。如果主暂存盘太小或是要想处理的图像很大，可以再勾选其他剩余空间大的硬盘。再将可用内存调大。图3-1所示为性能设置对话框。各项设置确定后，必须在下次启动该软件时才能生效。

二、Photoshop CS6 的工作界面

启动Photoshop CS6 软件后，执行"文件→新建"命令，新建文件；或执行"文件→打开"命令，打开已有的素材图像，即可进入工作界面。工作界面的结构如图3-2所示。

Photoshop CS6的界面由菜单栏、工具选项栏、工具箱、图像窗口（工作区）、浮动调板、状态栏构成。

1. 菜单栏

将Photoshop CS6所有的操作分为十类，包括文件、编辑、图像、图层、文字、选择、滤镜、3D、视图、窗口十项操作菜单。另外，还有一个介绍软件性能和使用方法的"帮助"菜单。

2. 工具选项栏

工具选项栏是对当前工具的设置选项。会随着使用的工具不同，工具选项栏上的设置项也不同。

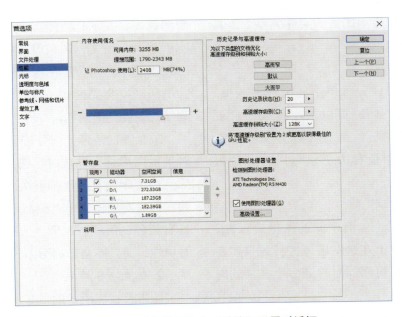

图 3-1　"首选项"中"性能"设置对话框

菜单栏
工具选项栏

工具箱

图像窗口

状态栏

浮动调板

图 3-2　Photoshop CS6 的界面

3. 工具箱

工具下有三角标记，即该工具下还有其他类似的命令。当选择使用某工具，工具选项栏则列出该工具的选项。可以点击目标使用工具，也可以按工具上提示的快捷键，使用该工具按"Shift+"工具上提示的快捷键切换使用。按TAB显示/隐藏工具箱、工具选项栏和调板。

4. 状态栏

显示图像显示比例、文件大小、工具提示等。

5. 浮动调板

可在"窗口"菜单中显示各种调板。双击"调板"标题可以最小化或还原调板，拖动"调板"标签可以分离和置入调板，点击调板右边三角可以打开调板菜单。

6. 图像窗口

即工作区，界面中间的图像展示区，图像处理基本上在这一区域进行，只要系统能力允许，可以同时打开多个文件同时处理。

三、Photoshop 设计的基础知识

1. Photoshop 常用的图像

图像主要以矢量图和位图两种方式表现。

位图图像是由像素描述的，像素的多少决定了位图图像的显示质量和文件大小。单位面积的位图图像包含的像素越多，分辨率越高，显示越清晰，文件所占的空间也就越大。反之，图像就越模糊，所占的空间也越小。对位图图像进行缩放时，图像的清晰度会受影响。当图像放大到一定程度时，就会出现锯齿一样的边缘。

矢量图的清晰度与分辨率的大小无关，对矢量图形进行缩放时，图形对象仍保持原有的清晰度。用于描述矢量图的线段和曲线称为对象，每个对象都是独立的实体，具有颜色、形状、轮廓、大小和屏幕位置等属性，而且不会影响图中其他对象。

2. 像素与分辨率

像素是构成图像的最基本的微小单位。分辨率是图像的一个重要属性，用来衡量

图像的细节表现力和技术参数。也就是图像的清晰度。Photoshop软件里的分辨率指的是每英寸图像上包含的点数，单位是DPI。数码印花图案的分辨率一般在200DPI以上。

3. 颜色模式

图像的颜色模式直接影响图像的效果，一般分为位图模式、灰度模式、双色调模式、索引颜色模式、RGB 颜色模式、CMYK 颜色模式、LAB 颜色模式、多通道模式。

4. 图像文件格式

在Photoshop 中，提供了多种图像文件格式。根据不同的需要，可以选择不同的文件格式保存图像。图像文件格式包括PSD格式、BMP格式、PDF格式、JPEG格式、GIF格式、TGA格式、TIFF 格式、PNG格式等。

若要保留图层文件，可以选择PSD格式与TIFF格式。这两种格式便于对图像进行保存后进行再次打开，并对图层进行逐个修改。在对TIFF格式进行保持时，在"存储为"对话框中选择TIFF格式，勾选"图层"与"Alpha通道"复选框，在保持图像的同时对图像的图层与通道进行保存，真正达到无损压缩图像存储。

在数码印花图案设计中，BMP、JPEG、PCX格式也比较常用。JPEG格式保存前，一般要先将所有图层合并成一层。保存为此种格式时，将会把图像的文件容量进行缩小，是一种压缩式的保存方式，在一般WINDWRS系统中能轻易打开。BMP格式是微软开发的Microsoft Paint的固有格式，大多数软件支持这种格式，BMP格式采用RLE无损压缩，对图像质量不会产生影响。

5. 输出前准备

数码印花和一般印刷图像的默认颜色模式为CMYK，因此，在把文件送去输出之前，要把RGB颜色模式转换为CMYK颜色模式的图像。CMYK颜色与RGB模式的色彩差异较大，必须熟悉转换后的色彩变化，才能调出理想中的颜色。若有文字，则在进行图像打印之前，应对图像中的文字进行栅格化（图层菜单→栅格化）。

第二节　Photoshop CS6 的菜单

一、文件菜单

点击菜单栏上的"文件"，会出现下拉子菜单如图3-3所示。点击其中一个项目，可以进行相应操作。该菜单的主要功能是新建、打开、保存文件和导入、导出、打印文件。点按扩展箭头可以打开子菜单。

1. 新建文件

启动Photoshop CS6，执行"文件→新建"命令，在弹出的"新建"对话框中，点击每个朝下箭头均有多个选项出现。可以设置文件大小、分辨率、颜色模式等各项参数，如图3-4所示。

2. 打开文件

Photoshop CS6中打开文件方法与其他

图 3-3 "文件"子菜单

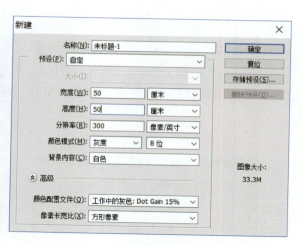

图 3-4 "新建"文件对话框

软件相同。大多数图片格式都可以打开，ESP和AI文件只有在合适的版本中才能打开。

3. 存储文件

就是将打开或编辑后的图像文件保存到磁盘中。如果已经是储存后的图像文件，则会自动以原有的图像格式和名称进行保存并替换原来保存的文件。如不要替换则要用"储存为"进行保存。打开"存储为"对话框，找到保存地址，设置名称和格式。如是分层文件，必须保存为PSD或TIF格式。只有一个图层的文件也可以保存JPEG格式、BMP格式和PCX格式。JPEG是用于压缩连续色调图像的标准格式，因此，它有选择性地扔掉部分数据。其他格式在数码印花设计中很少用。

4. 图像的导入和导出

在Photoshop中编辑图像文件时，常需要使用在其他软件中处理过的图像文件，因此在Photoshop中，导入和导出文件是经常会用到的操作。在Photoshop 中，执行"文件→置入"命令，可以将EPS 格式、PDF 格式、TIFF 格式等多种文件置入Photoshop 当前图像窗口中。

5. 扫描和打印文件

在计算机连接有扫描仪和打印机时，在导入的子菜单中可以找到扫描仪并且正常使用。"文件"菜单中也能找到相关的打印功能。

二、编辑菜单

点击菜单栏的"编辑"会出现下拉子菜单。点击任何一项即可执行命令。"编辑"菜单中的命令基本分为以下三类。

1. 处理图像和文字的基本操作命令

包括还原、前进一步、后退一步、剪切、拷贝、合并拷贝、粘贴、贴入。大多与其他设计类软件类似，按照后面的快捷键操作即可。其中合并拷贝是指对所有可见图层的选区内图像进行拷贝；而拷贝只是对当前层的选区图像进行拷贝。粘贴的图像会产生一个普通层，而用贴入命令则会产生一个蒙版层。

2. 对图像的变化处理命令

包括填充、描边、自由变换、变换、自动对齐、自动混合、定义画笔预设、定义图案、定义形状。填充命令与油漆桶工具功能重复，对话框与工具选项栏的设置基本一致。描边工具可以对当前图层外轮廓进行勾边。如图3-5所示是填充了底纹图案和勾了边的图像。执行自由变换可以导出变换框对当前层或选中区域进行缩放、旋转和移动。变换命令除缩放、旋转和移动外还可以斜切、扭曲、透视、变形和反转。在图层面板中的当前层超过两个时，可以执行自动对齐和自动混合。选中一个小元素后，执行"定义画笔预设"可以把小元素添加在画笔列表中。选中一个软件中绘制的元素，执行"定义自定形状"可以把小元素的形状存入到形状列表。同样，选中一个小图案，执行"定义图案"即可把它加入图案列表中。

3. 软件的功能设置命令

包括PDF预设、预设管理器、制定配置文件、转换为配置文件、键盘快捷键、菜单和首选项。在预设管理器中可以载入新的画笔、色板、渐变、样式、图案、等高线、自定形状和工具等，扩展Photoshop的强大功能。为了使用方便，还可以设置键盘快捷键、菜单和首选项中的各项参数。可以对任何命令进行快捷键的自定义，也

可对菜单颜色进行更换。执行"清理"命令可以清除历史记录和剪贴板上保留的数据。

三、图像菜单

这一菜单的主要功能是对当前图像的大小、性质、模式、色彩等方面的改变处理。执行"模式"命令，可以把当前图像的模式改成位图模式、灰度模式、双色调模式、索引颜色模式、RGB颜色模式、CMYK颜色模式、LAB颜色模式、多通道模式（勾选即可），如图3-6所示。

本菜单中有一个应用很频繁的命令"图像→调整"。通过调整下面的许多子命令，可以对图像的颜色、亮度对比、色调等进行调整，是图像合成与平面设计作品制作中应用最广泛的功能。

执行"复制"可以在窗口中复制一个当前图像的副本。"应用图像"可以按照设定直接应用图层图像的混合效果。当图像文件中具有多个图层时，在"应用"对话框中选择"源图像"非常重要，不同的图像混合效果也会不一样。可以采用"合并

图 3-5　填充底纹与图像描边

图 3-6　图像→"模式"子菜单

图层"选项对所有图层执行"应用图像"命令。图3-7所示应用图像对话框中的设置意为把图层0按照不透明度100%的柔光混合效果直接应用到当前层。

"计算"可以把不同图层的指定通道合成一个新通道。通过"计算"命令可以建立多个图像之间的链接，并且可以反复应用该命令对图像进行操作。执行"图像→计算"命令，可以打开"计算"对话框并在对话框中进行参数设置。如图3-8所示计算对话框中设置意为当前图像合成后的红色通道与图层2的红色通道合并后生成新通道。

执行"图像大小"命令可以设置改变当前文件的图像大小和分辨率。"画布大小"改变文档大小，并不改变图像大小，可以在画布的空白处添加其他元素。"像素长宽比"一般采用默认，一旦改变，图像会变形。"旋转画布"可以对当前图像进行各种角度的旋转和水平、垂直方向的镜像转换。如果图像中有选框，执行"裁剪"命令就会把选区外的图像包括画布剪掉。而"裁切"命令则可以按照设置要求进行裁切。"变量"命令可以设置图层的可见性变量并予以保存。"应用数据组"是对

已保存的变量进行应用。"陷印"是为了防止印刷时两个不同颜色之间套位不准而露白，一般是把淡色往深色的区域扩展一部分。在印刷或传统印花制版中会用到。

四、图层菜单

一个PSD的分层文件中，通常会包含多个的图层或组。使用图层可以在不影响其他层的情况下处理某一层的图像。可以将图层想象成是一张张叠起来的有不同图像元素的醋酸纸。如果图层上没有图像，就可以一直看到底下的图层。通过更改图层的顺序和属性，可以改变各图层合成后图像。点击"图层"菜单，打开下拉子菜单。

1. 新建、复制、删除图层

执行"新建"，可以在当前文件中增加一个透明空白层或组，执行"新建填充图层"可以选择填充颜色、渐变或图案。对图层的"名称""颜色""模式""不透明度"进行设置，单击"确定"按钮，完成图层创建。执行"新建调整图层"的任何子命令（图3-9），都可以按照设置新建一个调整图形，并以此调整整个图像的效果。删除调整图形可以恢复到原来的状态。执行

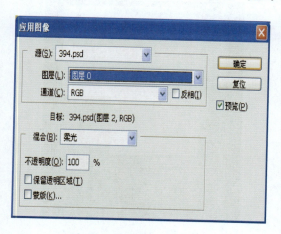

图 3-7　"应用图像"对话框

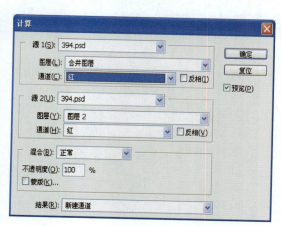

图 3-8　"计算"对话框

"更改图层内容"和"图层内容选项"可以改变调整图层的设置。"复制图层"可以在当前文件中增加一个相同的层。可以丰富画面效果，满足设计需要。执行"删除图层"，可以删除当前图层。

2. 图层处理

执行"图层→图层样式"，打开对话框（图3-10），对当前层进行不同样式的设置。可以制造许多特殊的图层效果。

在Photoshop中对于文字图层与智能对象图层，不能进行滤镜和绘图工具进行编辑，执行"栅格化"命令，可以将其转换为普通图层，便于对图像的编辑。

3. 图层管理

为了便于图层管理，可以将图层面板中的各同类层作为当前层，再执行"图层编组"操作，等于将各层置入一个文件夹中。当然也可以根据操作需要执行"取消图层编组"和"隐藏图层"。执行"排列"命令可以对当前层进行上下位置的调整；对多个当前层可以进行"对齐"和"分布"的操作。执行"修边"可以修掉当前图层边缘杂色。

在Photoshop CS6中，如果需要同时对几个图层进行移动或编辑，可以使用链接图层的方法链接两个或更多个图层或组，可以对链接后的图层进行一起拷贝、粘贴、对齐、合并、应用变换和创建剪贴组等操作，通过这种方式能够快捷的对图像进行处理。对已有的当前链接图层，可以执行"取消图层链接"和"选择链接图层"操作。

对于多层的图像，可以执行"合并图层"以合并多个当前层。执行"合并可见图层"以合并显示状态的所有层。"拼合图像"命令可以合并所有显示层并丢掉隐藏层。

五、文字菜单

在Photoshop CS6中，文字独立组成了一组菜单。"文字→面板"下有四个相关面板，单击一个可以打开面板进行文字的相关设计。"消除锯齿"可以对当前文字图层消除边缘的锯齿。"取向"可以调转文字方向。"凸出为3D"可以设计文字的3D立体效果。执行"创建文字路径"后，文字形状便可随意调整。执行"转换为形状"

图3-9　"调整图层"菜单

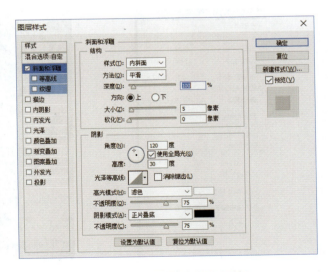

图3-10　"图层样式"对话框

可以将文字转换成一个矢量蒙版层。执行"文字变形"有多种变形效果可供选择。

六、选择菜单

"选择"菜单（图3-11）主要包括了处理调整选择区域的多个命令。执行"全部"命令，即框选全部图像。"重新选择"是再启用刚刚取消的选区。执行"反选"是选中原选区以外的区域并取消原选区。执行"所有图层"，即图像中所有层都作为当前层操作。"取消选择图层"是指图像中所有层都不作为当前层。"相似图层"是指选择类似的图层为当前层。

"色彩范围"命令可以选择所设色彩范围内的区域。"调整边缘"命令可以通过设置边缘的半径、光滑度、羽化、收缩扩展等参数来调整选区边缘的效果。"修改"菜单可以对当前选区执行"边界"（把选区为边界线）、"平滑"（使选区轮廓光滑）、"扩展"（选取范围像外扩大）、"收缩"（选区范围向内缩小）和羽化（边缘半透明化）的命令，与调整边缘相似，这些功能都有助于元素的正确选择。

执行"变换选区"可以对选区内的图像执行"变换"菜单中的所有子命令（图3-12）。执行"载入选区"可以设置源文档的某个通道作为选区载入到当前图像中。执行"储存选区"可以把当前选区保存到通道中。

七、滤镜菜单

在摄影作品中可以利用光圈制造照片的虚实效果，而在Photoshop软件中，照片能处理出千变万化的效果。单击菜单栏"滤镜"，可以打开下拉菜单（图3-13）。滤镜是遵循一定的程序算法对图像中像素的颜色、亮度、饱和度、对比度、色调、分布、排列等属性进行计算和变换处理，制作图像特殊效果。单击"滤镜库"，可以找到素描、画笔描边、纹理、艺术化效果等更多的滤镜并进行相应的设置，如图3-14所示。这使得PS软件的图像处理功能更加强大。

在Photoshop CS6中的"滤镜"主要分为以下几种类型：

图 3-11　"选择"菜单　　　　图 3-12　对花朵选区执行"选区变形"

1. 独立特殊滤镜

"抽出"滤镜常被用于图像的抠取。在对话框中涂抹要选中的区域，可以抽出，但是精确度不够。

"液化"滤镜可用于推、拉、旋转、反射、折叠和膨胀图像的任意区域，可根据需要对图像进行细微或剧烈的处理。"液化"滤镜是修饰图像和创建艺术效果的强大工具，可以使用"液化"滤镜对人物进行修饰，还可以制作出火焰、云彩、波浪等各种效果。图3-15所示为局部旋转"液化"效果。

"图案生成器"可以对框选的局部纹样进行图案化处理，便是用"图案生成器"制作的图案。使用"消失点"滤镜可以对图像中的瑕疵进行修复，也可以在编辑包含透视平面的图像时保留正确的透视，如建筑物的一侧或任何一个矩形对象。

2. 风格化处理滤镜组

使用"查找边缘"滤镜可以查找对比强烈的图像边缘区域并突出边缘，用线条勾勒出图像的边缘，生成图像周围的边界（图3-16）。使用"等高线"滤镜可以查找图像中的主要亮度区域并勾勒边缘，以获得

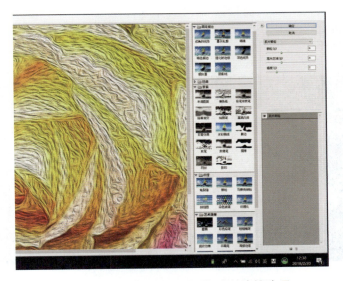

图 3-13　"滤镜"菜单　　　　图 3-14　用"滤镜库"对话框中的滤镜选项

图 3-15　局部旋转"液化"效果

图 3-16　"查找边缘"效果

图 3-17　"等高线"效果

与等高线图中的线条类似的效果（图3-17）。

使用"风"滤镜可以在图像中放置细小的水平线条，以获得风吹的效果，可以根据需要设置不用大小的风的效果。如图3-18所示为飓风效果。使用"浮雕效果"滤镜，可以通过将选区的填充色转换为灰色，并用原填充色描画边缘，从而使选区显得凸起或压低，制作出浮雕效果（图3-19）。

使用"扩散"滤镜，可以将图像中的像素搅乱，使图像的焦点虚化，从而产生透过玻璃观察图像的效果，如图3-20所示。

使用"拼贴"滤镜可以将图像分解为一系列拼贴，使选区偏离其原来的位置，如图3-21所示。

使用"曝光过度"滤镜可以使图像产生正片与负片混合的效果，这种效果类似于电影中将摄影照片短暂曝光的效果，如图3-22所示。使用"照亮边缘"滤镜可以突出图像的边缘，并向其添加类似霓虹灯的光亮，如图3-23所示。

执行"凸出"可以在图像表面形成小长方体或是三棱锥的堆叠效果，如图3-24所示。连续使用滤镜效果，能制造出更独特的感觉。如图3-25所示为"凸出"基础上的照亮边缘。

3. 外形边缘处理类滤镜

此类滤镜包括画笔描边滤镜组和扭曲滤镜组，主要处理图像的边缘效果和图像

图 3-18 "飓风"效果

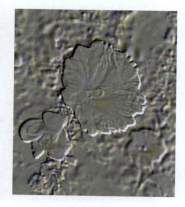

图 3-19 "浮雕"效果

图 3-20 "扩散"效果

图 3-21 "拼贴"效果

图 3-22 "曝光过度"效果

图 3-23 "照亮边缘"效果

的扭曲特异效果，每个滤镜组都包括多个不同效果的子命令，不同的设置会带来不同的效果。

（1）画笔描边滤镜组。"成角的线条"滤镜使用对角描边重新绘制图像，用相反方向的线条来绘制亮部区域和暗部区域，如图3-26所示执行"成角的线条"后图像变得朦胧。

"墨水轮廓"滤镜采用钢笔画的风格，用纤细的线条在原细节上重绘图像，如图3-27所示。

使用"喷溅"滤镜可以模拟喷溅枪的效果，以简化图像的整体效果（图3-28）。

"喷色描边"滤镜可以使用图像的主色，用成角的喷溅的颜色线条重新绘画图像（图3-29）。

使用"强化的边缘"滤镜可以强化图像的边缘。设置高的边缘亮度时，强化效果类似于白色粉笔（图3-30）；设置低的边缘亮度时，强化效果类似于黑色油墨。"深色线条"滤镜使用短的绷紧的深色线条绘制暗部区域，使用长的白色线条来控制亮部区域，如图3-31所示。

使用"烟灰墨"滤镜可以制作日本画风格的效果，使图像看起来像用蘸满油墨的画笔在宣纸上绘制而成，同时用非常黑

图3-24 金字塔"凸出"效果

图3-25 "凸出"加"照亮边缘"效果

图3-26 "成角线条"处理效果

图3-27 "墨水边缘"效果

图3-28 "喷溅"效果

图3-29 "喷色描边"效果

的油墨创建柔和的模糊边缘（图3-32）。

使用"阴影线"滤镜可以保留原始图像的细节和特征，同时使用模拟的铅笔阴影线添加纹理，并可使彩色区域的边缘变得粗糙。

（2）扭曲滤镜组。"波浪"滤镜用于在图像上创建波状起伏的图案，可以制作出波浪效果。使用"海洋波纹"滤镜可以将随机分隔的波纹添加到图像表面，使图像看上去像在水中一样，如图3-33所示。

"波纹"滤镜是通过在选区上创建波状起伏的图案来模拟水池表面的波纹

如图3-34所示。使用"海洋波纹"可以通过波纹大小和幅度的调整来制作效果（图3-35）。使用"玻璃"滤镜可以使图像看起来像是透过不同类型的玻璃看到的图像效果。如图3-36所示磨砂玻璃效果。应用"极坐标"滤镜时，可以选择将选区从平面坐标转换到极坐标，或者将选区从极坐标转换到平面坐标，从而产生扭曲变形的图像效果（图3-37）。"镜头校正"可以使图像产生透视效果（图3-38）。

使用"挤压"滤镜可以挤压选区内的图像，从而使图像产生凸起或凹陷的效果

图 3-30　"强化的边缘"效果

图 3-31　"深色线条"效果

图 3-32　"烟灰墨"效果

图 3-33　"波浪"效果

图 3-34　"波纹"效果

图 3-35　"海洋波纹"效果

（图3-39）。使用"球面化"滤镜可以在图像的中心产生球形的凸起或凹陷效果，使对象具有3D效果（图3-40）。

使用"扩散亮光"滤镜可以通过扩散图像中的白色区域，使图像从选区中心向外渐隐亮光，从而产生朦胧效果（图3-41）。使用"切变"滤镜可以通过调整"切变"对话框中的曲线来扭曲图像（图3-42）。"水波"滤镜可根据图像像素的半径将选区径向扭曲，从而产生类似于水波的效果（图3-43）。使用"旋转扭曲"滤镜可以旋转选区内的图像，图像中心的旋转程度比边缘的旋转程度大（图3-44）。

使用"置换"滤镜需要使用一个PSD格式的图像作为置换图，然后对置换图进行相关的设置，以确定当前图像如何根据位移图发生弯曲、破碎的效果。

4. 图案质量处理类滤镜

包括模糊滤镜组、锐化滤镜组和杂色滤镜组。可以的图像模糊处理和清晰化处

图 3-36 "玻璃"效果

图 3-37 "极坐标"效果

图 3-38 "镜头校正"效果

图 3-39 "挤压"效果

图 3-40 "球面化"效果

图 3-41 "扩散光亮"效果

图3-42 "切变"效果　　图3-43 "水波"效果　　图3-44 "旋转扭曲"效果

理，也可以添加杂色或消除划痕。

（1）模糊滤镜组。"表面模糊"可以模糊图像表面的细小纹理和颗粒，保留大的结构关系。如图3-45所示为图3-46的表面模糊效果。执行"动感模糊"会制造出拍摄时的抖动效果（图3-47）。

"方框模糊"滤镜是基于相邻像素的平均颜色值来模糊图像。此滤镜用于创建特殊效果，可以用于计算给定像素的平均值的区域大小，设置的半径越大，产生的模糊效果越明显（图3-48）。

"高斯模糊"滤镜是通过控制模糊半径对图像进行模糊效果处理，使用此滤镜可为图像添加低频细节，并产生朦胧效果（图3-49）。使用"特殊模糊"滤镜可精确模糊图像和添加边缘（图3-50）。"径向模糊"可以制造快速旋转产生的模糊效果（图3-51）。

使用"平均"滤镜可以找出图像或选区的平均颜色，然后用该颜色填充图像或选区，可以使图像得到平滑的外观。其他模糊滤镜还有"镜头模糊"（图3-52）和"形状模糊"（图3-53）。

（2）锐化滤镜组。"锐化"滤镜是通过增大像素之间的反差来使模糊的图像变清晰。"进一步锐化"滤镜也是运用同样

图3-45 摄影花卉图片　　图3-46 "表面模糊"效果　　图3-47 "动感模糊"效果

图 3-48 "方框模糊"效果

图 3-49 "高斯模糊"效果

图 3-50 叠加边缘
"特殊模糊"效果

图 3-51 旋转"径向模糊"效果

图 3-52 "镜头模糊"效果

图 3-53 加入圆形
"形状模糊"效果

的原理来使图像产生清晰的效果。"进一步锐化"滤镜比"锐化"滤镜的锐化效果更强。

使用"锐化边缘"滤镜只对图像的边缘进行锐化，而保留图像总体的平滑度。使用"USM 锐化"滤镜可以调整图像边缘的对比度，并在边缘的每一侧生成一条亮线和一条暗线，使图像边缘更加突出。

"智能锐化"滤镜通过设置锐化算法来锐化图像，也可以通过控制阴影和高光中的锐化量来使图像产生锐化效果。

（3）杂色滤镜组。使用"减少杂色"滤镜可以减少图像中的杂色，同时保留图像的边缘。使用"添加杂色"滤镜可以在图像中应用随机像素，使图像产生颗粒状效果，常用于修饰图像中不自然的区域。

"蒙尘与划痕"滤镜通过更改像素来减少图像中的杂色。"中间值"滤镜通过混合像素的亮度来减少图像中的杂色。使用"去斑"滤镜可以检测图像边缘并模糊去除相应边缘的选区，可以在去除图像中杂色的同时保留细节图像。

5. 图像艺术化处理类滤镜

此类滤镜包括素描滤镜组、纹理滤镜组、像素化滤镜组、渲染滤镜组和艺术效果滤镜组。点开每个滤镜组，可以有多个子命令设置不同的滤镜效果。

（1）素描滤镜组。"半调图案"滤镜使用前景色和背景色，在保持图像中连续色调范围的同时模拟半调网屏的效果

（图3-54）。使用"便条纸"滤镜可以使图像简化，制作出具有浮雕凹陷和纸颗粒感纹理的效果（图3-55）。

使用"粉笔和炭笔"滤镜可以重绘图像的高光和中间调，在图像的阴影区域用黑色对角炭笔线条进行替换，并使用粗糙粉笔绘制中间调的灰色背景（图3-56）。"绘画笔"滤镜是使用细小的线状油墨描边以捕捉原图像中的细节，使用前景色作为油墨，使用背景色作为纸张，以替换原图像中的颜色（图3-57）。

使用"铬黄"滤镜可以渲染图像，使图像具有擦亮的铬黄表面效果（图3-58）。使用"基底凸显"滤镜可以使凸显呈现较为细腻的浮雕效果，并可根据需要加入光照效果，以突出浮雕表面的变化（图3-59）。使用"塑料"滤镜可以按照3D塑料效果来制作图像，结合前景色与背景

色为图像着色（图3-60）。

"水彩画纸"滤镜是利用有污点的像画在潮湿的纤维纸上的涂抹，以制作颜色流动并混合的特殊艺术效果（图3-61）。使用"撕边"滤镜可使图像由粗糙撕破的纸片状重建图像，用前景色与背景色为图像着色。用"图章"滤镜可以简化图像，使图像效果类似于用橡皮或木制图章创建而成（图3-62）。使用"炭笔"滤镜可以使图像产生色调分离的涂抹效果，图像中的主要边缘由粗线条进行绘制，而中间色调用对角描边进行绘制。使用"炭精笔"滤镜可以在图像上模拟浓黑和纯白的炭精笔纹理，用前景色描绘暗部区域，用背景色描绘亮部区域。

使用"网状"滤镜可以模拟胶片乳胶的可控收缩和扭曲来创建图像，使图像在阴影部分呈现结块状，在高光部分呈现轻

图3-54 "半调图案"效果

图3-55 "便条纸"效果

图3-56 "粉笔和炭笔"效果

图3-57 "绘图笔"效果

图3-58 "铬黄"效果

图3-59 "基底凸显"效果

微颗粒化效果。使用"影印"滤镜可以模仿由前景色和背景色模拟复印机影印图像效果，只复制图像的暗部区域，而将中间色调改为黑色或白色。

（2）纹理滤镜组。使用"龟裂纹"滤镜可将图像绘制在一个高凸显的石膏表面上，以表现图像等高线水彩精细的网状裂缝（图3-63）。使用"颗粒"滤镜可以利用不同的颗粒类型在图像中添加不同的纹理（图3-64）。使用"马赛克拼贴"可以渲染图像，使图像看起来像是由很多碎片拼贴而成，在拼贴之间还有深色的缝隙（图3-65）。还可以对包含多种颜色值或灰度值的图像创建浮雕效果。使用"拼缀图"滤镜可制作小方块拼贴效果（图3-66）。使用"染色玻璃"滤镜可以将图像重新绘制为玻璃拼贴起来的效果，生成的玻璃块之间的缝隙会使用前景色来填充（图3-67）。使用"纹理化"还可以调出粗麻布、画布、砖块和砂岩的效果（图3-68）。

图 3-60　"塑料"效果

图 3-61　"水彩画纸"效果

图 3-62　"图章"效果

图 3-63　"龟裂纹"效果

图 3-64　"颗粒"效果

图 3-65　"马赛克拼贴"效果

图 3-66　"拼缀图"效果

图 3-67　"染色玻璃"效果

图 3-68　"纹理化"效果

（3）像素化滤镜组。使用"彩块化"滤镜可以使图像中纯色或颜色相近的像素结成相近颜色的像素块。使用该滤镜可以使扫描的图像看起来像手绘图像，或者实现图像的抽象效果。

"彩色半调"滤镜是在图像的每个通道上使用放大的半调网屏效果，对于每个通道，滤镜都将图像划分为矩形，并用圆形替换每个矩形。使用"点状化"滤镜可将图像中的颜色分解为随机分布的网点，得到手绘的点状化效果。图3-70是对图3-69进行"点状化"处理后的效果。

使用"晶格化"滤镜可以使像素结块形成多边形纯色效果（图3-71）。"马赛克"滤镜可以将图像中的像素结成方块状，并使每一个块中的像素颜色不相同（图3-72）。

使用"碎片"滤镜可以对选区中的像素进行四次复制，然后将四个副本平均轻移，使图像产生不聚焦的模糊效果。

使用"铜版雕刻"滤镜可以将图像转换为黑白区域的随机图案或彩色图像中完全饱和颜色的随机图案。

（4）渲染滤镜组。"云彩"滤镜是使用介于前景色和背景色之间的随机值生成柔和的云彩图案。"分层云彩"滤镜与"云彩"滤镜的原理相同，但是使用"分层云彩"滤镜时，图像中的某些部分会被反相为云彩图案。

使用"光照效果"滤镜可以给RGB格式的图像增加不同的光照效果，还可以使用灰度格式的图像的纹理创建类似于3D效果的图像，并可存储自建的光照样式，以便应用于其他图像。图3-73所示为执行"滤镜→渲染→光照效果"，设置了点光、光泽、纹理等后的变化效果。使用"镜头光晕"滤镜可以模拟亮光照射到相机镜头所产生的折射效果（图3-74）。

图 3-69　摄影花卉原图

图 3-70　"点状化"效果

图 3-71　"晶格化"效果

图 3-72　"马赛克"效果

图 3-73　"光照"效果

图 3-74　"镜头光晕"效果

"纤维"滤镜是使用前景色和背景色创建编制纤维的外观。新建一个文件。设置前景色为默认色，然后执行"滤镜→渲染→纤维"命令，在打开的"纤维"对话框中设置各项参数然后单击"确定"按钮，制作出纤维效果图像。

（5）艺术化滤镜组。"油画"滤镜可以使画面添加上油画笔触的效果不同的设置，效果也会有所不同，如图3-75所示。"壁画"滤镜是用小块颜料以短而圆的粗略涂抹的笔触重新绘制一种粗糙风格的图像（图3-76）。使用"干画笔"滤镜可以制作用干画笔技术绘制边缘的图像。此滤镜通过将图像的颜色范围减小为普通颜色范围来简化图像。使用"彩色铅笔"滤镜可以制作用各种颜色的铅笔在纯色背景上绘制的图像效果，所绘图像中重要的边缘被保留，外观以粗糙阴影线状态显示（图3-77）。使用"粗糙蜡笔"滤镜可在布满纹理的图像背景上应用彩色蜡笔描边，如图3-78所示。

使用"底纹效果"滤镜可以制作出现有图像在砖块、粗麻布、画布和砂岩上的效果，如图3-79所示为在砂岩上的效果。使用"海报边缘"滤镜可以减少图像中的颜色数量，查找图像的边缘并在边缘上绘制黑色线条（图3-80）。"海绵"滤镜使用颜色对比强烈且纹理较重的区域绘制图像，得到类似海绵绘画的效果（图3-81）。使用"绘画涂抹"滤镜可以选取各种大小和类型的画笔来创建绘画效果，使图像产生模糊的艺术效果，如图3-82所示为使用"绘画涂抹"中的"宽锐化"制作。使用"胶片颗粒"滤镜可以将平滑图案应用在图像的阴影和中间色调部分，将一种更平滑、更高饱和度的图案添加到亮部区域（图3-83）。

使用"木刻"滤镜可以将图像描绘

图 3-75　"油画"效果

图 3-76　"壁画"效果

图 3-77　"彩色铅笔"效果

图 3-78　"粗糙蜡笔"效果

图 3-79　"底纹"效果

图 3-80　"海报边缘"效果

成由几层边缘粗糙的彩纸剪片组成的效果（图3-84）。使用"霓虹灯光"滤镜可以将各种类型的灯光添加到图像中的对象上，得到类似霓虹灯一样的发光效果，如图3-85所示为蓝色霓虹灯光效果。"水彩"滤镜以水彩的风格绘制图像，使用蘸了水和颜料的中号画笔绘制并简化了的图像细节，使图像颜色饱满（图3-86）。

使用"塑料包装"滤镜可以给图像涂上一层光亮的塑料，以强化图像中的线条及表面细节（图3-87）。使用"调色刀"滤镜可以减少图像中的细节，得到描绘得很淡的画布效果（图3-88）。而"涂抹棒"滤镜则是使用黑色的短线条来涂抹图像的暗部区域，使图像显得更加柔和（图3-89）。

（6）其他滤镜。"视频"滤镜组包括"NTSC颜色"和"逐行"两种滤镜。使用这两种滤镜可以使视频图像和普通图像之间相互转换。

图 3-81　"海绵"效果

图 3-82　"绘画涂抹"宽锐化效果

图 3-83　"胶片颗粒"效果

图 3-84　"木刻"效果

图 3-85　"霓虹灯光"效果

图 3-86　"水彩"效果

图 3-87　"塑料包装"效果

图 3-88　"调色刀"效果

图 3-89　"涂抹棒"效果

"高反差保留"可以通过半径的参数来设置图像保留的多少。"位移"在数码印花图案设计中可以实现单位图案的完美接版，将在下章中详细介绍。"最大值"是增加色彩亮度和图像的笔触感变化。"最小值"是增加色彩亮度和图像的笔触感变化。

八、"3D"菜单

Photoshop CS6具有比较完善的3D对象的设计功能，通过"3D"菜单和"3D"面板的设置操作可以创建、编辑、渲染3D模型文件。在目前的动漫、室内设计等领域运用较多，在数码印花设计领域极少运用，因此略过。

九、"视图"菜单

该菜单中的命令可以对当前窗口的整个视图进行调整和设置，以辅助图像的编辑操作。如缩放视图、显示标尺和设置屏幕模式和参考线等。

十、"窗口"菜单

该菜单中的命令主要用于对工作界面中的面板、工具箱和窗口等操作界面进行调整。在进行图像的编辑和后期处理中，Photoshop的工作界面是受到限制的，因此，快速有效地显示和控制操作的版面，是提高工作效率的一个重要因素。

十一、"帮助"菜单

该菜单中的命令用于显示与Photoshop CS6相关的各种用于说明的帮助信息，若遇到问题，可以查看该菜单，及时了解相关信息和使用方法。

第三节 Photoshop CS6 的工具箱

Photoshop CS6的工具箱中集合了图像处理过程中使用最频繁的工具，是PS中比较重要的功能。执行"窗口→工具"命令可以隐藏和打开工具箱；单击工具箱上方的双箭头可以双排显示工具箱；再单击恢复工具箱单行显示；在工具箱中可以单击选择需要的工具；单击并长按工具按钮，可以打开该工具对应的隐藏工具；工具箱中各个工具的名称及其对应的快捷键如图3-90所示。在使用不同的工具时，工具选项栏中的设置内容各不相同。是对当前工具的辅助，便于取得更完美的编辑效果。PS的工具，大致可以分为以下几类：

一、选区创建类工具

在Photoshop 中利用标准选区创建工具、套索工具、智能选区创建工具。可以根据不同的图像内容进行有选择的选区创建。在图像上创建选区以后，可以对选区内的图像进行调色、填充、移动等操作，而不会影响选区以外的图像。

1. 矩形选框工具

使用矩形选框工具，可以在图像上创建一个矩形选区。该工具是区域选框工具中最基本且最常用的工具。单击工具箱中的"矩形选框工具"按钮，或者按下"M"键，即可选择矩形选框工具。

2. 椭圆选框工具

在工具箱中选择椭圆选框工具，在图像上拖动鼠标，创建椭圆选区，按住Shift键，在图像上拖动鼠标，创建一个正圆形选区。

3. 单行选框工具和单列选框工具

使用单行选框工具和单列选框工具能创建1像素宽的单行和单列的选区。在工具箱中选择单行选框工具和单列选框工具，然后在要选择的区域旁边单击，即可创建单行或单列选区。

4. 套索工具

套索工具一般用于创建不规则的自由选区。在图像窗口中沿着图像的边缘进行拖动即能创建选区。选择套索工具后，在图像中单击并开始拖动，当终点与起点重合后，释放鼠标会闭合形成选区效果。

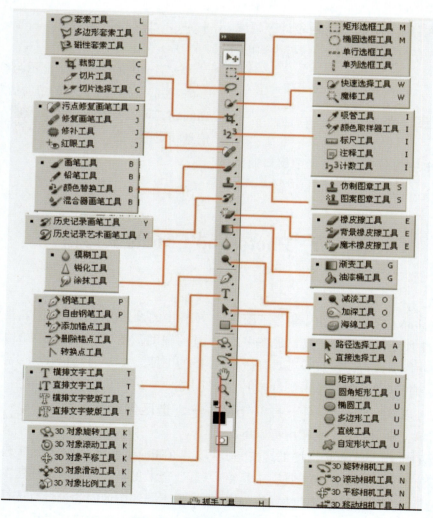

图3-90　工具箱中的隐藏工具

5. 多边形套索工具

多边形索套工具一般用于创建多边形选区。在图像中，沿需要选取的图像部分的边缘拖动，当终点与起点重合时，即可创建选区。

6. 磁性套索工具

磁性套索工具一般用于快速选择与背景对比强烈且边缘复杂的对象，可沿着对象的边缘创建选区。

7. 魔棒工具

魔棒工具用于选择图像中颜色相似的不规则区域，在选项栏中可以根据图像的情况来设置参数，以便能够准确地选取需要的选区范围。

8. 快速选择工具

使用快速选择工具，按住左键拖动可以选中光标划过的所有区域。不同的选区创建工具适合不同的图像编辑要求。选项栏中可以选择新选区、添加到选区、从选区减去三种方式进行选取。

二、画笔类工具

画笔工具、铅笔工具、颜色替换工具、历史画笔工具、历史记录艺术画笔工具都属于画笔类工具，通过这类工具，可以轻松地完成对图像颜色的绘制。

1. 画笔工具

使用画笔工具可以在图像上绘制各种笔触效果，笔触颜色与当前的前景色相同，也可以创建柔和的描边效果，按"B"键即可选择画笔，按快捷键"Shift+B"能够在画笔工具、铅笔工具和颜色替换工具之间切换。

2. 铅笔工具

铅笔工具的使用方法与画笔工具基本相同，但使用铅笔工具创建的是硬边直线。

3. 颜色替换工具

使用颜色替换工具能够简化图像中特定颜色的替换，可用于校正颜色。该工具不适用于位图、索引或多通道色彩模式的图像。

4. 历史记录画笔工具

历史记录画笔工具是通过重新创建指定的原数据来绘制，而且历史记录画笔工具会与"历史记录"面板配合使用。按"Y"键即可选择历史记录画笔工具，按快捷键"Shift+Y"能够在历史记录画笔工具和历史记录艺术画笔工具之间切换。

5. 历史记录艺术画笔工具

历史记录艺术画笔工具可用于指定历史记录状态或者快照中的数据源，以特定的风格进行绘画，可以在"画笔"面板中设置不同的画笔。

6. 矩形工具

矩形工具和矩形选框工具都能用于绘制矩形形状的图像。不同的是，利用矩形工具能够绘制出矩形形状的路径，而矩形选框工具没有此功能。按"U"键能够选择矩形工具，按快捷键"Shift+U"能够在矩形工具、圆角矩形工具等工具之间切换。

三、形状绘制类工具

1. 圆角矩形工具

圆角矩形工具用于绘制矩形或圆角形状的图形。对该工具的选项栏中的"半径"进行不同的设置，可以控制圆角矩形四个圆角的弧度。

2. 椭圆工具

使用椭圆工具和椭圆选框工具都能够绘制椭圆形状，但使用椭圆工具能够绘制路径以及使用选项栏中设置的"样式"对形状进行填充。

3. 多边形工具

多边形工具用于绘制不同边数的形状图案或路径。

4. 直线工具

直线工具用于在图像窗口中绘制像素线条或路径。在选项栏中可以根据不同的需要设置其线条或路径的粗细程度。

5. 自定形状工具

自定形状工具用于绘制各种不规则形状。在该工具的选项栏中单击"形状"选项右侧的下三角按钮，在弹出的面板中提供了多种形状。根据不同的需要可以选择不同的形状。

四、路径绘制工具

1. 钢笔工具

钢笔工具用于绘制复杂或不规则的形状或曲线。按"P"键可以选择钢笔工具，按快捷键"Shift+P"能够在钢笔工具、自由钢笔工具、添加锚点工具等工具之间切换。

2. 自由钢笔工具

利用自由钢笔工具在图像中拖动，即可直接形成路径，就像用铅笔在纸上绘画一样。绘制路径时，系统会自动在曲线上添加锚点。使用自由钢笔工具，可以创建不太精确的路径。

3. 添加和删除锚点工具

添加锚点工具用于在现有的路径上添加锚点，单击即可添加。删除锚点工具用于在现有的锚点上删除锚点，单击即可删除。如果在钢笔工具的选项栏中勾选"自动添加/删除"复选框，可在路径上添加和删除锚点。

4. 转换点工具

转换点工具主要用于调整绘制完成的路径，将光标放在要更改的锚点上单击，可以转换锚点的类型即在平滑点和直角点之间转换，将平滑点转换为直角点。

五、图像修饰工具

修复类工具主要包括污点修复工具、修复画笔工具、修补工具、红眼工具、仿制图章工具、图案图章工具，通过这些工具，可以对图像中的瑕疵进行涂抹，还原图像完美效果。

1. 污点修复画笔工具

该工具主要用于快速修复图像中的污点和其他的不理想部分。使用修复画笔工具能够修复图像中的瑕疵，使瑕疵与周围的图像融合。利用该工具修复时，同样可以利用图像或图案中的样本像素进行绘画。

2. 修补工具和修复画笔工具

利用修补工具可以使用其他区域或图案中的像素来修复选区内的图像。修补工具与修复画笔工具一样，能够将样本像素的纹理、光照和阴影等与源像素进行匹配。不同的是，前者用画笔对图像进行修复，而后者是通过选区进行修复。

3. 红眼工具

在夜晚的灯光下或使用闪光灯拍摄人物照片时，通常会出现眼球变红的现象，这种现象称为红眼现象。利用Photoshop中的红眼工具，就可以修复人物照片中的红眼，也能修复动物照片中的白色或绿色反光。

4. 仿制图章工具

利用仿制图章工具修图时，先从图像中取样，然后将样本应用到其他图像或同一图像的其他部分，也可以将一个图层的一部分仿制到另一个图层。

5. 图案图章工具

图案图章工具是利用选项栏中的图案进行绘画，即从图案库中选择图案或自己创建图案来进行绘画。

六、文字工具

在Photoshop中，利用文字工具可以输入画面中相应的信息，直观地对画面主题表现进行文字信息宣传。利用文字工具，可以在图像上输入横排文字、直排文字、横排蒙版文字、直排蒙版文字、变形文字、沿路径输入文字等，在Photoshop中具有十分重要的作用。在画面中输入文字以后，双击文字图层，在打开的图层样式对话框中，可以对文字添加各种样式效果，增添文字发光、投影、纹理、立体等效果。

1. 横排文字工具和直排文字工具

利用文字工具可以在图像中添加文字。使用Photoshop中的文字工具输入文字，其方法与在一般应用程序中输入文字的方法一致。按"T"键即可选择横排文字工具，按快捷键"Shift+T"能够在文字工具之间切换。

2. 横排文字蒙版工具和直排文字蒙版工具

使用横排文字蒙版工具和直排文字蒙版工具编辑文字时，是在蒙版状态下进行编辑，当退出蒙版后，被输入的文字以选区的形式显示，在前景色中设置颜色能够对文字选区进行填充。

在字符创建时，可以设置"字符"面板、"段落"面板和工具选项栏以达到所需的字符效果。在字符面板中可以进行文字和段落的各项参数设置，部分设置与工具选项栏相同。在图像输入较多文字时，可以采用"段落"面板对文字进行调整。通过对段落文字的多种调整方式，可以对段落文字进行左右缩进和段首缩进、段前和断后添加空白等。

还可以利用"段落"面板和工具选项栏设置段落文字对齐方式，在文字选项栏中可以对文字进行居左、居中、居右设置，而在"段落"面板中，根据对应的按钮可以对文字进行"左对齐文本""居中对齐文本""右对齐文本""最后一行左对齐""最后一行居中对齐""最后一行右对齐"和"全部对齐"，可以根据需要对文字进行对齐设置。

借助路径功能，可以设计更为丰富的字符形式。首先可以沿着路径输入文字，然后可以结合移动工具与自由变换命令对路径文件进行位置的旋转或变换。当然，还可以在图像中输入文字后，执行"文字→创建工作路径"命令，可建立文字路径，结合路径编辑工具调整文字的形状。

在文字设计中，创建变形文字是一种重要手段。执行"文字→文字变形"命令即能弹出变形文字对话框，在对话框中根据需要对文字选择不同的变形效果。

七、颜色类修饰工具

1. 减淡工具

利用减淡工具能够表现图像中的高亮度效果。利用减淡工具在特定的图像区域内进行拖动，然后让图像的局部颜色变得更加明亮，对处理图像中的高光非常有用。

2. 渐变工具

使用渐变工具可以创建多种颜色间的混合过渡效果。在处理图像时，可以从预设渐变填充中选取需要的颜色或自定义的渐变效果并应用到图像中。

3. 油漆桶工具

使用油漆桶工具能够在图像中填充颜色或图案，并按照图像中像素的颜色进行填充，填充的范围是与单击处的像素点颜色相同或相近的像素点。

八、效果修饰工具

1. 模糊工具

工具箱中的模糊工具与"滤镜"菜单中的"高斯模糊"滤镜的功能类似，使用模糊工具对选定的图像区域进行模糊处理，能够让选定区域内的图像更为柔和。

2. 锐化工具

锐化工具用于在图像的指定范围内涂抹，以增加颜色的强度，使颜色柔和的线条更锐利，图像的对比度更明显，图像也变得更清晰。

3. 涂抹工具

涂抹工具用于在指定区域中涂抹像素，以扭曲图像的边缘。图像中颜色与颜色的边界生硬时可利用涂抹工具进行涂抹，能够使图像的边缘部分变得柔和。

4. 橡皮擦工具

使用橡皮擦工具擦除图像时，被擦除的图像部分显示为背景色。

5. 背景橡皮擦工具

使用背景橡皮擦工具可以擦除图层中的图像，并使用透明区域替换被擦除的区域。使用背景橡皮擦工具擦除图像时，可以指定不同的取样和容差来控制透明度的范围和边界的锐化程度。

6. 魔术橡皮擦工具

利用魔术橡皮擦工具可以擦除图像中与单击处的颜色相同的区域。

第四节　Photoshop CS6 的浮动面板

Photoshop CS6有许多浮动面板，用以辅助各种工具的使用。在PS 的各种设计中起着非常重要的作用。单击CS6的窗口菜单，可以看到所有面板名称，包括3D、测量记录、导航器、动作、段落、段落样式、仿制源、工具预设、画笔、画笔预设、历史记录、路径、色板、时间轴、属性、调整、通道、图层、图层复合、信息、颜色、样式、直方图、注释、字符、字符样式，如图3-91所示。单击每个名称可以打钩或取消打钩，打钩的面板会显示在桌面上，

或是在窗口左侧增加面板标签。单击标签可以打开相关面板并进行相应的设置。取消相应的勾选，会将该面板隐藏。系统默认下，浮动面板以面板组的形式出现，用标签切换和区分。当需要使用某个面板时，只需单击该面板标签即可。窗口右侧上方的属性面板会随着当前工具或命令的改变而改变，会提供对操作工具和命令的补充设置选项。

面板是图像编辑的重点，掌握其使用方法尤为重要。在面板组中，单击面板标

签，可切换到所需的面板中。敲击键盘中的"Tab"键，可显示或隐藏浮动面板和工具箱。敲击键盘中的"Shift+Tab"键，可显示或隐藏浮动面板。将光标放置在面板标签上，按住鼠标左键的同时进行拖拽，可以将此面板从面板组中分离出来，同样的方法，也可以将浮动面板重新组合。单击面板右上角的黑色小三角按钮，可弹出面板菜单并进行相应操作。

大多数浮动面板是用来辅助工具的设置，内容与工具选项栏一致或有所补充。为了更好使用工具，可以在选定工具后打开相应面板进行设置。这里重点要讲的是以下几种面板：

一、图层面板

在"图层"面板中，单击需要选择的图层对其进行选中，图层会显示不同的颜色。可以对该选中的图层进行移动、调整、填充、变形等各种操作。可以对"图层"面板中的各种图层进行显示/隐藏以及各种编辑。单击"图层"面板右上角的扩展按钮，弹出菜单。内容大多与图层菜单一致，如图3-92所示。执行其中命令可以进行新建图层、复制图层、删除图层、锁定图层、合并图层等操作。部分命令在图层面板上有操作按钮，单击即可操作。

选择需要合并的图层后，在弹出的扩展菜单中可以选择"向下合并"，进行相应的合并。如果选择的是图层组，则在弹出的菜单中显示合并图层组命令。

1. 背景图层的解锁

通过对图层的锁定能够保护其内容，可以在完成某个图层的设置时完全锁定它，在图层面板中包括锁定图层透明像素、锁定图像像素、锁定位置、锁定全部操作命令，锁定的图层不能进行移动。

打开一个图像文件，在"图层"面板中即会显示默认的"背景"图层，"背景"图层是被锁定的。双击该图层，打开"新建图层"对话框，单击"确定"按钮，将

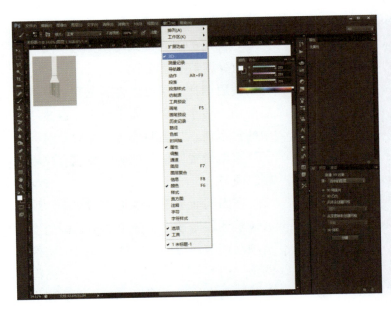

图 3-91 "窗口"菜单中的浮动调板

图 3-92 图层面板及菜单

背景图层转换为普通图层。也可以拖动"背景"图层右侧的锁定按钮，至"删除图层"按钮，释放鼠标对"背景"图层进行解锁。

2.图层组的创建

在"图层"面板中单击"创建新组"按钮，即可创建一个图层组，也可以通过执行"图层→新建→组"命令创建图层组。新建图层组后，通过对图层的移动，可以将图层移入和移出图层组。选择需要移动的图层，拖动鼠标将图层进行移动至图层组内或外即可。

3.图层的混合模式

图层面板中混合模式是对图层色彩特性和层间关系的效果处理的重要功能。

（1）减淡混合模式包括："变亮""滤色""颜色减淡""线性减淡"。

（2）加深混合模式包括："变暗""正片叠底""颜色加深""线性加深""深色"。

（3）对比混合模式综合了加深和减淡模式的特点，对比混合模式包括："叠加""强光""亮光""线性光""点光""实色混合"模式。

（4）比较混合模式可以比较当前图像与底层图像，然后将相同的区域显示为黑色，不同的区域显示为灰度层次或色彩。"比较"混合模式中包含了"差值"和"排除"模式。

（5）色彩型混合模式：使用"色彩"混合模式合成图像时，Photoshop会将三要素中的一种或两种应用在图像中。"颜色"模式是用于基色的亮度以及混合色的色相和饱和度创建结果色。

4.填充图层

（1）纯色填充：单击"图层"面板下方的"创建新的填充或调整图层"按钮，

在弹出的菜单中选择"纯色"选项，可以打开"拾取实色"对话框，对填充的颜色进行设置，然后单击"确定"按钮，添加图像填充图层。

（2）渐变填充：单击"图层"面板下方的"创建新的填充或调整图层"按钮，在弹出的菜单中选择"渐变"选项，打开"渐变填充"对话框，在该对话框中可以对渐变颜色进行设置。

（3）图案填充：单击"图层"面板下方的"创建新的填充或调整图层"按钮，在弹出的菜单中选择"图案"选项，打开"图案填充"对话框，在该对话框中可以对图案样式进行设置。

5.调整图层

调整图层与普通图层的区别在于调整图层具有图层的灵活性与优点，可以在调整的过程中根据需要为调整图层增加蒙版，以屏蔽对某些区域图像的调整或调整不透明度以降低调整图层的调整程度等。

使用调整图层编辑图像，不会对图像造成破坏。用户可以尝试不同的设置并随时可以对调整图层进行修改，还可以通过对调整图层的混合模式与"不透明度"设置，改变调整图像效果。

使用调整图层可以将颜色和色调调整后应用于多个图层，而不会永久更改图像中的像素值。当需要修改图像效果时，只需要重新设置调整图层的参数或直接将其删除即可。

在图层面板下方单击"创建新的填充或调整图层"按钮，弹出的菜单中的多数选项与调整面板内容一致，也与"图像→调整"内容基本一致。只是执行"图像→调整"是直接修改图层，而非增加调整图层。因此多次调整有难度。

6. 图层样式

（1）高级图像混合：执行"图层→图层样式→混合选项"命令即可打开图层混合选项对话框。高级混合功能一般很少用，只在一些特殊情况下，使用高级混合功能可以快速完成我们需要的效果。

（2）投影：在"图层样式"面板中勾选"投影"选项后，能够在选定的文字或图像的后面添加阴影，使图像产生立体感的效果。

（3）内阴影：内阴影和投影效果基本相同，不过投影是从对象边缘向外，而内阴影是从边缘向内。

（4）外发光："外发光"图层样式是从图层内容的外边缘进行添加发光效果。如果发光内容的颜色较深，发光颜色需要选择较浅的颜色。

（5）内发光："内发光"图层样式是从图层内容的内边缘进行添加发光效果。和"外发光"图层样式一样，如果发光内容的颜色较浅，发光颜色就必须选择较深的，这样制作出来的效果比较明显。

（6）斜面和浮雕：在图层样式面板中，勾选"斜面和浮雕"选项，可以对图层添加高光与阴影的各种组合，该效果是Photoshop图层样式中最复杂的，其中包括了外斜面、内斜面、浮雕、枕状浮雕和描边浮雕。

（7）光泽："光泽"图层样式用来创建光滑光泽的内部阴影，"光泽"效果和图层的轮廓相关，即使参数设置得完全一样，不同内容的层添加光泽样式之后产生的效果也不相同。

（8）渐变叠加："渐变叠加"图层样式是用渐变颜色填充图层内容。在"图层样式"对话框中，可以选择或自定义各种渐变类型，并设置渐变的缩放程度，来调整渐变效果。

（9）图案叠加："图案叠加"图层样式是用图案填充图层内容。在"图层样式"对话框中，可以选择图案类型。

（10）描边："描边"图层样式是使用颜色、渐变或图案在当前图层上描画对象的轮廓，其效果直观、简单，较为常用。

二、通道面板

在"通道"面板中，能够创建"通道"和对"通道"进行管理。该面板中列出了图像中的所有通道，在"通道"面板中提供了通道和选区之间的切换功能。通道分为五种类型：复合通道、颜色通道、Alpha通道、专色通道和单色通道。当图像模式为RGB模式时，在"通道"面板中有三个颜色通道和一个复合通道。当图像模式为CMYK颜色模式时，通道中有四个颜色通道（青色、洋红色、黄色、黑色）和一个复合通道。CMYK模式图像也可以通过对不同的颜色通道进行调整，以调整图像的颜色效果。利用"曲线"命令调整通道颜色；利用Alpha通道添加图像相框。单击通道面板右上角扩展箭头，可以执行新建、复制、删除、合并分离通道或专色通道，如图3-93所示。目前的印刷和印花行业很多借助这一功能进行分色制版。

1. 通道的创建、复制及删除

在"通道"面板中可创建新的通道，这样可以在不破坏原图像颜色的情况下进行编辑。对不需要的通道可以删除。

2. 分离和合并通道

分离通道后，可以将源文件关闭，单个通道中的图像以单独的灰度图像窗口

图 3-93　通道面板菜单

图 3-94　路径面板菜单

出现，能分别存储和编辑新图像。合并通道，可以将多个图像合并为一个图像通道，要合并的图像的模式必须是灰度模式，具有相同的图像尺寸并且处于打开状态。

在"通道"面板中单击"指示图层可视性"按钮，可以对通道进行显示和隐藏，通过对不同通道的显示所对应的图像效果也不同。

3. 利用通道对图像进行抠取

在通道面板中选择黑白对比强烈的通道，复制该通道结合调色命令加强图像的明暗对比，然后对图像进行选区创建，完成对图像的抠取。在利用通道对图像进行抠取时，通常可以采用调整命令、画笔工具、路径绘制工具对图像进行抠取，根据不同的图像内容，进行有选择的抠取图像。

4. 专色通道的运用

专色通道是一个相对比较特殊的通道，常用于一些特殊处理的操作。如图像打印中，为图像添加荧光油墨、烫金、烫银、套版印制无色系等。这些特殊的油墨无法用三原色油墨混合，这时就需要专色通道和专色印刷功能。

打开"通道"面板，单击该面板右上角的扩展按钮，在弹出的扩展菜单中选择"新建专色通道"选项，可以打开"新建专色通道"对话框并设置各项参数。

三、路径面板

在路径面板中可以对路径进行保存和修改。通过路径面板可以对路径进行选区转换、填充路径颜色、描边路径等操作。创建路径后，可以通过"路径"面板对路径进行填充、描边、创建选区等操作。路径面板下方的操作按钮分别为"用前景色填充路径"按钮、"用画笔描边路径"按钮、"将路径作为选区载入"按钮、"选区生成工作路径"按钮、"新建路径"按钮、"删除当前路径"按钮。单击路径面板右上角扩展箭头，可以打开路径菜单，并进行相关操作，如图3-94所示。

1. 创建、复制和删除路径

在Photoshop中对路径的常用操作主要包括路径创建、删除路径以及复制路径，通过这三种操作，可以制作出丰富的画面效果。

2. 路径选择工具

在Photoshop CS4中，当需要对整体路径进行选择与位置调整时，需要使用路径选择工具。选择该工具后，将鼠标移动至需要选择的路径上进行单击，完成对路径的选择，并且可以对选中的路径的位置进行移动。

3. 描边路径

"描边路径"命令主要采用路径工具和绘图工具与修饰工具的结合使用，通过对绘图工具与修饰工具的设置，再进行路径的绘制，最后对路径执行"描边"路径命令，下图为"描边路径"对话框。

在PS软件中设计数码印花图案，较少使用路径工具。矢量元素可以在其他的绘图软件中制作，导入在PS中即可。

四、历史记录面板

PS软件会将每一步操作记录在"历史记录"面板中，通过该面板可以将图像恢复到某一步状态，也可以回到当前的操作状态，或者将处理结果创建为快照或新的文档，如图3-95所示。

历史记录面板默认只能保存20步操作，这对于复杂的编辑过程是远远不够的。解决方法有两个。一是执行"编辑→首选项→性能"命令，在"历史记录状态"选项中增加历史记录的保存数量，但这会增加占用的内存。二是单击"历史记录"面板中的"创建新的快照"按钮，将画面的当前状态保存为一个快照，即使面板中的新的步骤已经将其覆盖了，我们都可以通过单击快照将图像恢复为快照所记录的效果。

在"历史记录"面板中单击要创建为快照的状态，单击右上角的按钮，在下拉菜单中选择"新建快照"命令，在打开的"新建快照"对话框中通过设置选项创建快照。在"历史记录"面板中单击要创建为快照的状态，单击右上角的按钮，在下拉菜单中选择"历史记录选项"命令，勾选"允许非线性历史记录"选项，可以在更改选择的状态时保留后面的操作。

单击历史记录前端小方块，可以设置为历史记录画笔源。可以使用历史记录画笔将当前图层涂抹为画笔源的状态，如图3-96所示。

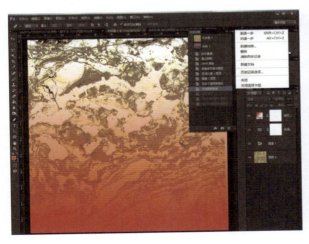

图 3-95　历史画笔面板和菜单

图 3-96　历史画笔涂抹后的效果

五、动作面板

利用动作面板可以先录制需要多次重复的动作组，便于后面的快速重复操作。

动作面板用于创建、播放、修改和删除动作。

PS软件在每次版本的更新后，都会增加新的功能。若能善用PS软件，数码印花图案设计将会得心应手、创意无限。

本章小结

Photoshop 因其强大且不断更新的图像处理功能，成为数码印花设计的首选软件。它可以制作出完美、不可思议的合成图像。本章详细介绍了Photoshop CS6的界面和基础知识，讲述了Photoshop CS6的菜单、工具和面板的使用方法。

"文件"菜单的主要功能是新建、打开、保存文件和导入、导出打印文件等；"编辑"菜单中的命令基本上可分为三类：处理图像和文字的基本操作命令、对图像的变化处理命令和软件的功能设置命令。图像菜单这一菜单的主要功能是对当前图像的大小、性质、模式、色彩等方面的改变处理。包含多个图层或组的文件，需要用图层菜单中的功能进行操作。包括新建、复制、删除图层以及图层处理、管理的子菜单。文字菜单可以管理或处理文字效果。"选择"菜单主要包括了处理调整选择区域的多个命令，可以处理选区效果。滤镜是遵循一定的程序算法对图像中像素的颜色、亮度、饱和度、对比度、色调、分布、排列等属性进行计算和变换处理，制作图像特殊效果。"滤镜"菜单中包含了许多特殊效果的子菜单。通过"3D"菜单和"3D"面板的设置操作可以创建、编辑、渲染3D模型文件。"视图"菜单中的命令可以对当前窗口的整个视图进行调整和设置，以辅助图像的编辑操作。"窗口"菜单中的命令

主要用于对工作界面中的面板、工具箱和窗口等操作界面进行调整。

Photoshop CS6的工具箱中集合了图像处理过程中使用最频繁的工具，是PS中比较重要的功能。选区创建类工具包括矩形和椭圆选框工具、单行选框工具和单列选框工具、套索工具、多边形套索工具、磁性套索工具、魔棒工具和快速选择工具；画笔工具、铅笔工具、颜色替换工具、历史画笔工具、历史记录艺术画笔工具都属于画笔类工具，通过这类工具，可以轻松地完成对图像颜色的绘制。形状绘制类工具包括圆角矩形工具、椭圆工具、多边形工具、直线工具、自定形状工具。路径绘制工具钢笔工具、自由钢笔工具、添加锚点工具、转换点工具。修复类工具主要包括污点修复工具、修复画笔工具、修补工具、红眼工具、仿制图章工具、图案图章工具，通过这些工具，可以对图像中的瑕疵进行涂抹，还原图像完美效果。文字工具包括横排文字工具和直排文字工具、横排文字蒙版工具和直排文字蒙版工具。颜色类修饰工具包括减淡工具、渐变工具和油漆桶工具。效果修饰工具包括模糊工具、锐化工具、涂抹工具、橡皮擦工具、背景橡皮擦工具、魔术橡皮擦工具。

在CS6的窗口菜单中可以看到所有面板名称，包括3D、测量记录、导航器、动

作、段落、段落样式、仿制源、工具预设、画笔、画笔预设、历史记录、路径、色板、时间轴、属性、调整、通道、图层、图层复合、信息、颜色、样式、直方图、注释、字符、字符样式。浮动面板以面板组的形式出现，用标签切换和区分。大多数浮动面板是用来设置辅助工具的。最为常用的是图层面板。

思考题

1. 请列举5种选择区域的方法，3种改进区域的方法。

2. 列举10种滤镜的特点和操作方法。

3. 简述图层面板的功能和使用方法。

实践题

1. 选一张JPEG格式的图片，在PS软件里运用选区、图像调整、滤镜等功能进行处理，保留5幅不同效果的图像。

2. 选5幅图片，将其局部元素组合在一个文件里。

数码印花的设计环节

课题名称： 数码印花的设计环节

课题内容： 素材处理

元素抠图

花回接版

色彩调整

多层设计

课题时间： 20 课时

教学目的： 学生熟练掌握数码印花设计的各个环节

教学方式： 讲解法、演示法、分组合作法、练习法

教学要求： 1. 掌握数码印花的素材处理和元素抠图方法

2. 熟练掌握数码印花产品设计中的花回接版方法

3. 基本数码印花的色彩调整和多层设计方法

课前（后）准备： 收集数码印花高精度设计素材和参考图片

第四章　数码印花的设计环节

Photoshop软件的图像处理功能强大，内容丰富。从图片元素的剪切排版合成、各种效果的制作到图像的色彩处理，工具较多较全。可以实现印花图案配色调色的多方面需求。目前大多数的数码印花图案和转移印花图案是通过它来设计的。Photoshop软件中进行数码印花设计，大致可以分为素材处理、元素抠图、花回接版、色彩调整和多层设计五个环节。

第一节　素材处理

在PS里设计印花图案，通常是在现有的素材中提取局部元素，再进行恰当的组合、修改、调整，制作合适的效果。所以，首先要解决的是素材的选择和处理的问题。

一、素材的选择原则

1. 高精度原则

数码印花图案是不经过描稿分色而直接用于印花的图案，所以对所用元素的清晰度有很高要求。清晰度也被称为精度，一般由图像的尺寸和分辨率决定。不同用途、不同风格的图案对元素图片的精度要求不尽相同。如同样的元素，做家纺大花图案的精度不够，用来设计服装面料小碎花却足够了。所以，我们可以确定这样一个标准；将元素图片的视图放大，直到元素的显示尺寸超过实际应用大小的两倍，若仍然清晰，没有马赛克痕迹，则该素材图片在精度上是合格的。

2. 适合性原则

适合性包括两个方面的要求，一是素材中的元素在风格上要适合最终的作品风格倾向，如写实的、写意的、抽象的、手绘的风格迥异，必须要找到合适的素材才能设计；二是要适合作品中的角色定位，用做背景的或是用做主花的都有不同的要求。

3. 流行性原则

每个不同时期都会有不同的流行元素，如近两年流行的热带元素，继椰子树、扶桑花、龟背叶之后，开始流行火烈鸟、天堂鸟、鸡蛋花，直到热带水果元素的大量出现，人们总是在寻求新的美的元素。几年前流行的写实花卉逐渐减少，手绘写意风格的花卉图案却大量涌现。所以在找寻素材或创作素材时必须要考虑流行性因素，尽量使作品不落伍。

4. 创新性原则

现今是"互联网+"时代，设计师当然可以利用网络素材和图片资源，但一定要有所改变。一是避免涉及网络纠纷，二是要体现自己作品的新意和原创性，可以通过软件工具适当改变元素的造型、色彩甚至表现方法。

二、素材处理的方法

1. 图像尺寸和分辨率调整方法

我们选的自创素材或网络素材一般都要经过调整修补处理。首先要根据设计需要更改素材图像的尺寸和分辨率。步骤如下：

（1）在PS软件里打开素材图片，在图层面板上双击该图层名称，弹出新建图层对话框后确定。

（2）单击"图像→模式"，若是其他

模式请改为RGB模式，勾选8位通道。如图4-1所示。

（3）单击"图像→图像大小"打开对话框，勾选"约束比例"和"重定图像像素"。根据设计的需要改动"文档大小"里面的宽度到所需尺寸，分辨率不低于200DPI。点按在下方的扩展箭头，根据实际情况选择其中一项。若是图像需放大的便点选"两次立方较平滑（适用于放大）"。设置完后"确定"，图像大小便改好了。如图4-2所示。

这种图像大小的更改是有一定限度的，几十kB的图像即便改到几十MB，图片精度也不可能有根本性的变化。

2. 图像的修补方法

对于已经放大的图片，我们还要考虑图片的完整性。有些图片有残缺、瑕疵和水印。要用PS中的工具进行修补。具体方法如下：

（1）仿制图章法：仿制图章是一种把其他区域的图像实时替换修改掉残缺处的图像的工具。按下PS软件工具箱中的"仿制图章工具"，按下"Alt"键，左键单击被仿制点后松开"Alt"键。然后在仿制点

图4-1 原图的模式更改

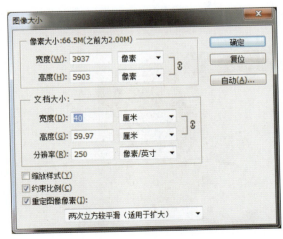

图4-2 图像大小对话框

上单击或拖动，可以把被仿制点的图像覆盖到仿制点上。如图4-3所示便是用仿制图章工具把白色覆盖在了下方的印章和水印文字上。

仿制图章的功能调整可以在工具栏中逐项设置。点按扩展箭头，选择笔形，拖动滑块设置大小和硬度。点按模式扩展箭头选择一种模式，会出现相对应的图像效果。不透明度的百分比越小，覆盖图像的透明度便越高。流量的百分比越小，覆盖的力度也越小。若用来修图，一般采用"正常"模式，100%的不透明度。100%的流量，勾选"对齐"，样本选"当前图层"。

（2）局部复制法：当我们要用的纹样不全时，可以采用局部复制法修补完整。如图4-3所示左侧的花朵不完整且贴在画布边缘。补元素之前可先将画布改大。执行"图像→画布大小"，将新建尺寸改为60cm宽。为修补左边的花朵腾出空间（图4-4）。用磁性套索工具选中其他花朵的合适部分，执行"选择→修改→羽化"，设置羽化5（图4-5）。按"CTRL+C"键复制，按"CTRL+V"键粘贴，按"CTRL+T"键为刚粘贴的涂层导出变换框。通过移动旋转缩放变形等操作将其放在合适的位置，与原来的半朵花衔接（图4-6）。用柔和橡皮擦或仿制图章将衔接处的边缘擦柔和，

图 4-3 用仿制图章工具擦除水印

图 4-4 放大画布

图 4-5 选取需要的部分后羽化

图 4-6 复制选区部分，粘贴到需要修补的位置

再将原始层的透明处填充白色，将两层合并。要用的花朵元素就补完整了。

3.图像明暗关系的调整方法

对手绘的素材和其他网络素材，通常还会出现明暗关系不明确的问题，在使用素材之前，我们必须先把素材图像处理得尽量完善。如图4-7所示为学生的手绘练习，色调过淡，明暗关系不清晰，导致画面效果比较模糊。我们可以分两步调整。首先，执行"图像→色阶"，将中间调子和暗调的滑块向亮调方向移动可以加深图像色调；然后执行"图像→色相/饱和度"，将饱和度滑块向左移动，适当降低画面饱和度。可以使图像变得更加清晰明确。立体感也会随之增强。如图4-8所示。

4.图像细节的处理方法

图像细节的处理方法有两种：一是柔化，二是锐化。前者是将过于粗糙的画面处理得柔和光滑，后者是将模糊朦胧的图像变得清晰。两种方法的运用均要把握好程度。

（1）细节柔化法：执行"滤镜→模糊→表面模糊"，将半径和阈值的滑块向右移动，画面逐渐变得细腻柔和。调到合适的程度，单击"确定"即可。

（2）细节锐化法：执行"滤镜→锐化→USM锐化"，将数量和半径的滑块向右移动，图像中笔触的细节就会越来越明显，图像清晰度会提高。如图4-9比图4-10的细节要丰富，但图4-10比图4-9要柔和细腻，更适合做设计元素。所以对于手绘元素的处理，可以先用适当的表面模糊处理，再用USM锐化。可以使素材细腻柔和又不乏细节。如图4-11所示。

图4-7　学生手绘稿

图4-8　经过色阶和色相/饱和度处理的元素

图 4-9　原素材的花朵

图 4-10　经过表面模糊处理后的花朵

图 4-11　模糊后再经过 USM 锐化后的效果

第二节　元素抠图

　　在图案设计之前，把需要的元素从素材图片中分离出来的方法称为抠图。具体有两种方法，一是保留需要的元素而把不需要的区域剪切掉；二是选中需要的元素复制粘贴成新的图层。抠图的关键在于选取元素。对于不同的素材图片，选取的方法也不一样。具体有以下几种方法：

一、选框法

　　在PS软件的工具箱里，有一组选框工具，包括矩形选框工具、椭圆选框工具、单行选框工具和单列选框工具。按下矩形选框工具或是椭圆选框工具，鼠标单击画面并拖动，可以把要用的元素框选中。按下单行或单列选框工具，鼠标单击画面可以选中一长条垂直线或水平线。此法优点是快速，缺点是会把元素周围的区域也选中。所以比较适合选择透明底并且独立放置的元素（图4–12）。

二、套索法

套索类工具包括套索工具、多边形套索工具和磁性套索工具。针对不同特点的图像元素，所用工具也不相同。

1. 套索工具
此工具比较适合选择独立放置的元素或是对选区要求不严格的元素。方法是：按下套索工具，单击并拖动画线，封闭后出现选区框（图4–13）。

2. 多边形套索工具
此工具比较适合精细勾画选区。方法是：按下多边形套索工具，在需要选择的元素边缘按序单击，封合后软件会自动形成选区。一般两个相邻节点间的距离越短，

选区就越精确。此方法的缺点是速度较慢，复杂细碎的边缘刻画难度大。

3. 磁性套索工具
此工具比较适合边缘细碎但色彩关系比较明确的元素。方法是：按下磁性套索工具，在画面中单击起始点，沿元素轮廓移动鼠标，边缘会出现有许多节点连成的线。可以按Backspace键可以撤销错误的节点。封合后形成选区。此法的缺点是对造型色彩丰富的元素无法精确选择，会有较大误差。

三、魔棒法

对于简单的素材图片，PS软件提供了两个简单的选择工具。一是快速选择工具，二是魔棒工具。两者都是用鼠标单击进行选择。

1. 快速选择工具
按下该工具，鼠标单击画面上的元素便会智能选中该元素，按住拖动会快速选中光标经过的所有元素。

图 4–12　用矩形选框选中元素

图 4–13　用套索工具画选区

2. 魔棒工具

按下该工具，鼠标单击画面中需要选中的颜色，所有与该颜色容差范围内的色域都会被选中。我们可以通过设置工具栏中的容差来控制选择范围的大小。容差越大，魔棒选中的相似色域就越多。反之就越少。工具栏中的"连续"如果勾选，只会选中与魔棒单击处相连的并且相似的色域。若不勾选，则会选中全图中的与魔棒单击处相似的色域部分。如图4-14、图4-15所示，勾选"连续"后魔棒单击底色后选中的效果。

四、色彩范围法

除了上述工具外，我们还可以用选择菜单中的"色彩范围"进行选择。打开"色彩范围"对话框。光标移至画面上单击要选的颜色，对话框中出现预示图，选中区域变白色，未选中区域显示黑色。按住"Shift"键可以加选颜色，按住"Ctrl"键可以减选掉已经选中的颜色。"颜色容差"的滑块越往右移，选中的区域越多。如图

4-16所示设置"色彩范围"对话框。单击确定后出现选取框。"检测人脸"和"本地化颜色簇"在元素选择时几乎不用。在对话框中还可以设置一种选区预览方式，帮助判断选择的范围是否合适。

五、综合法

对于复杂的素材图片，只用一种方法进行选择往往是不够的。除了上述方法，还可以同时采用反选、加选、减选和交叉选等工具，可以更好更准确地选择元素。

如图4-17所示为画面比较复杂的水彩手绘花卉，设置容差"32"，不勾"连续"，用魔棒单击背景白色后选出的选区很碎，没能准确选定元素。图4-18所示为按下工具栏中"减选"后用套索工具把花叶中误被魔棒选中的白色区逐个圈中，减选出选区的效果。图4-19所示为按下工具栏中"加选"后用磁性套索工具把魔棒未选中的背景逐个加选。通过这三步，素材的选择基本准确。

对于已经选择完成的素材，还可以通

图4-14 用快速选择工具连续选中元素

图4-15 用魔棒点选底色

过选择菜单中的"修改"进行调整。执行"边界"，设置宽度，可以将选区改为边界线。执行"平滑"可以将原来的选区边缘变得平滑流畅。执行"扩展"设置数量后选区会向外扩展。执行"收缩"设置数量后选区会向内均匀收缩。执行"羽化"后，选区边缘会根据设置的数量进行不同程度

的软化。如图4-20所示为选区扩展3后再羽化5后删除背景选区的效果。到这一步，元素的抠图才算完成。元素文件一般可以保存成PSD格式。

元素抠图的好坏直接影响图案设计的成败。操作时必须多种工具灵活使用，尽量将元素扣得精细、准确、自然。

图4-16　通过"色彩范围"进行选择

图4-17　魔棒单击背景
白色后的选区

图4-18　用套索减选
花叶白色

图4-19　磁性套索加选
剩余背景

图4-20　羽化选区后
删除背景

第三节　花回接版

印花图案的画面与其他绘画作品的画面构图有很大不同。大多数绘画作品是独幅的，不用考虑上下边缘和左右边缘的画面衔接。而在纺织品印花图案的设计中，我们通常只设计一个花回的图案。生产或制版前将其重复连续拼接，制成印花网版或直接数码喷印。因此图案通常要做到上下边缘和左右边缘的画面无缝衔接。

印花图案按照接版方式分主要有三类：独版式、二方连续式和四方连续式。独版式可以根据所用尺寸大小进行设计，构图形式类似普通绘画作品，常用于T恤、丝巾、独幅床品等的设计。此类图案上下边缘和左右边缘不要求衔接。纺织品图案中的二方连续（也称定位图案），通常指高度达整个幅宽，而宽度符合网框尺寸，且左右边缘可以无缝衔接的图案。四方连续也称满版花，是指一个单位图案向上下和左右重复放置时可以无缝衔接的图案。在AT20000、金昌EX9000等印花分色软件中，只要在显示回位状态下设计，便可以自动接版。在PS软件中，可以运用位移工具进行接版处理。

花回接版可以分为整图接版和分层接版两种情况。

一、整图接版

在PS软件中打开图片，检查四边的接版。执行"滤镜→其他→位移"，打开位移对话框。拖动水平滑块和垂直滑块往中间移，图像的上下左右边缘便挪到中间。若没有经过接版处理，图中会有生硬的边缘线（图4-21）。这时便需对边缘处进行修图。主要方法有位移修边法和扩图补充法。

1. 位移修边法

通过位移将原图边缘移至图中，按下工具箱中仿制图章工具。设置工具栏中的画笔、大小、不透明度、流量等。按"Alt"键单击图中取样点，然后在边线周围拖动，用取样点的图形盖住生硬的边缘线。经过多次取样仿制后修掉接缝痕迹。完成接版处理。如图4-22所示。

2. 扩图补充法

在素材图片尺寸与所需图像尺寸有较大差异时，一般不能用图像缩放来达到目标尺寸。这种情况可用扩图补充法。方法是：

（1）在PS软件中打开素材图片后，在图层面板中双击该图层，新建图层。

（2）执行"图像→画布大小"，设置好所需画布后确定（图4-23）。

（3）用移动工具将图像移至上方，复制一个图层。将新图层移至下方，执行"编辑→变换"将新图层旋转180°，合并图层（图4-24）。

（4）用仿制图章工具修好中间的接

缝，执行"滤镜→其他→位移"，将上下左右边缘移至中间，用仿制图章工具修好接缝，根据需要适当调整颜色（图4-25、图4-26）。

在扩图补充法中，也可以采用多个不同素材的拼接。也可以将素材修剪成不同形状进行拼贴。只是务必将每一条接缝修补得不留痕迹。而且在图层合并前需将色彩调至统一。

图 4-21　位移边缘

图 4-22　仿制图章修边，接版处理

图 4-23　扩大画布

图 4-24　复制图层扩大图像

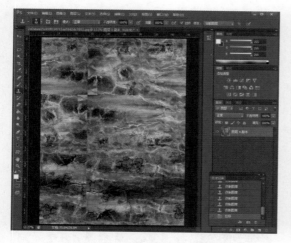

图 4-25　边缘接缝位移至中间

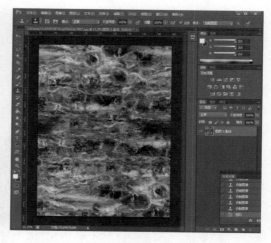

图 4-26　修好接缝，调整色彩

二、分层接版

数码印花图案的设计大多层次丰富，通常会有多个图层的叠压，加上各种特殊效果的设计，营造出丰富奇特又耐人寻味的视觉感受。对于多图层的图案设计，必须要处理好每个图层的接版。

1. 分层接版的要求

分层接版可以从无缝修图、边缘柔化、合理构图三方面着手解决问题。

（1）无缝修图：当我们把要用的素材用复制的方法粘贴进当前的设计文件中。还需要对每个元素层进行必要的处理。每个图层都不能有接版的痕迹，必须要多次位移检查并用仿制图章修复。

（2）边缘柔化：如果图案的底纹由两个以上的素材层构成，必须要处理每一层的接版和图像的边缘。简单的办法有两个：一是用柔角的橡皮擦擦淡上层边缘，使其自然过渡，形成柔和的衔接；二是用柔角仿制图章工具将当前底纹元素复制到空白处，并柔和过渡。

（3）合理构图：在数码印花设计中，

构图是决定图案审美性的重要因素。抽象的多彩背景要注意不同色彩的合理安排，同类颜色不能过于集中。如轻色和重色、冷色和暖色、进色与退色要适当分散布局。所以在多层组合的设计过程中要安排好元素的位置。

2. 分层接版的步骤

（1）打开一张暖色调背景素材，拖进新建文档，如图4-27所示。

（2）用柔角仿制图章工具向两侧空白处复制，通过调节流量、不透明度和笔大小来控制仿制元素的轻重和柔化程度；同时执行"滤镜→其他→位移"，将上下边缘移至中间进行修补，如图4-28所示。

（3）用柔角橡皮擦擦淡不够柔和的边缘修补完接版痕迹，关闭可视状态，如图4-29所示。

（4）拖入冷色调背景素材，如图4-30所示。

（5）完成冷调背景层的接版和补图，如图4-31所示。

（6）开启两层的可视状态，分别位移两个背景层，完成数码印花图案的多层背景设计，如图4-32所示。

图 4-27　拖入暖色调背景素材

图 4-28　补充两侧空白和修改位移后的接缝

图 4-29　完成接版和补图的暖调背景层

图 4-30　拖入一幅冷调背景素材

图 4-31　完成接版和补图的冷调背景层

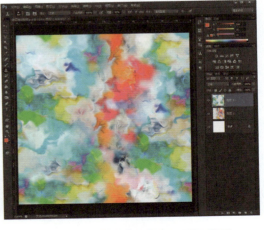

图 4-32　两层背景位移后的叠压效果

为了营造丰富多彩的背景效果，设计时还会加入更多的背景素材。穿插重叠，虚虚实实。无论多少层，务必要使每层无缝接版、边缘柔化、构图合理。

第四节　色彩调整

近几年来，各种印花工艺技术在不断进步，但是也应该看到该行业中的短板。目前印花图案的配色是困扰企业的一大难题。就目前的印花行业现状来看，配色调色方面的人才相当匮乏。

现有的技术员大多没有经过专门的色彩学习和研究，完全以个人经验决定该企业印花图案色调，这种调色通常在分色制版以后、印花之前进行，用打小样的方式来确认配色方案。这对于传统设备中的印花生产大致尚可，但对于数码印花和仿数码的转移印花、平网印花等新技术的印花工艺而言是远远不够的。于是出现了通过计算机预先配色再在数码印花机中打样的确认方法。

电脑预配色是指图案设计师对图案的色彩进行规划和梳理。以符合基本的装饰色彩规律、色彩的流行性以及印花工艺的适用性要求。预配色是图案设计的一个重要环节，对于转移印花及其他传统印花而言可以做主要的配色参考，但对数码印花而言，却是直接进行生产的配色方案。所以电脑预配色在当前新的印花技术领域里非常重要。

一、电脑图案的类型

电脑里设计的图案大致有两种类型：一类是在电脑分色软件里边直接绘制的印花图案。如在宏华ATSL、金昌EX9000、变色龙等软件中，都是可以直接绘制纹样并排版的，在此类软件中设计的图案不但可以快速换色，也可以直接分色。这种图案就调色操作而言非常简单。另一类图案是手绘元素的扫描稿或网上共享的图片元素按产品的生产特点设计而成的印花图案。此类图案一般在Photoshop等图像处理软件中设计，未经分色之前此类图案的调色操作难度较大。目前的大多数数码印花和转移印花图案均属此类。

二、PS中的调色方法

PS软件的图像色彩处理工具较多较全。可以实现印花图案配色调色的多方面需求。目前大多数的数码印花图案和转移印花图案是通过它来设计和调色的。

1. 矢量元素调色法

PS中设计的印花图案通常有两类。一类是由套色分明的矢量元素组合而成，这类元素大多在Coreldraw、Illustrator、Atsl等软件中绘制。图案中的几种颜色清晰而明确。这种图案调色的最佳方法便是用容差合适的魔棒将要换的点选，按"Alt+Del"键填充已经调好的前景色。将所有颜色逐套调换成需要的色调。这种调色从操作上来讲没有太大难度。

另一种图案没有明确的色彩分界，由手绘元素、摄影元素等多种类型的元素组合。调色时互相牵扯，很难掌控。这种图案的配色调色，是本文探究的重点。

2. 印花图案的整体调色

在PS软件里，印花图案的整体调色比较方便，比较适合数码印花图案。JPEG格式的印花图案在PS软件中打开，可以通过以下方法进行整体色调的调整。

（1）色阶调整法：执行"图像→调整→色阶"操作，打开对话框（图4-33），点按黑色滑块往右拖动可以逐渐增加图案的暗色区域，点按白色滑块往左拖动可以逐渐增加图案的亮色区域，拖动中间灰色滑块可以使图案的中间色调向亮处或暗处扩展。此法的使用可以让原本模糊的明暗关系变得清晰，立体感也会增强，图案会变得比较精神。

（2）曲线调整法：执行"图像→调整→曲线"操作，打开对话框（图4-34），点按通道的下拉箭头，可以看到RGB、红、绿、蓝四个选项。若选RGB，则是对整体图案的明暗调整；若选红、绿、蓝中的一色，便是对该色在图案中的成分进行调整。曲线上拉表示增加该色成分，下拉表示减少该色成分。单击曲线上可以增加节点，向上或向下拖动节点可以改变该点对应处的色相成分含量和明暗关系。如图4-36、图4-37所示便是图4-35进行红色的曲线调整以后的效果。

（3）色彩平衡调整法：执行"图像→调整→色彩平衡"操作，打开对话框（图4-38），选择要改变的是图案区域（阴影、中间调和高光三选一）。通过点按并拖动滑块可以增加或减少三原色成分，从而改变整体色调。色彩平衡调整法会增加印花图案的饱和度，如图4-39所示为色彩平衡调整后（按右下角对话框的调整方案）的效果。若要保持为调整前的饱和度，需要再在色相/饱和度里边进一步调整。值得一提的是：灰度图片或灰色区域可以通过这一方法变成彩色。

（4）色相/饱和度调整法：执行"图像→调整→色相/饱和度"操作，打开对话框（图4-40），点击"编辑"下拉箭头可以在全图、红色、黄色、绿色、青色、蓝色和洋红中选一个项目进行调整。点按并

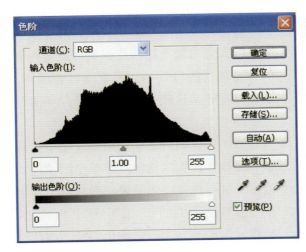

图4-33　"色阶"对话框

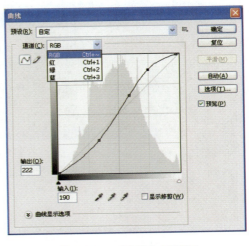

图4-34　"曲线"对话框

图 4-35 调色研究的
原图范本

图 4-36 红色曲线上拉后
的效果

图 4-37 红色曲线下拉后
的效果

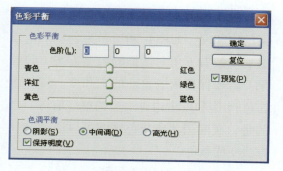

图 4-38 "色彩平衡"对话框

图 4-39 用色彩平衡调色后的效果

拖动滑块可以对该项目的色相、饱和度和明度进行调整。用色相/饱和度调色后的效果如图4-41所示。如图4-42所示为全图编辑时按右下角方案进行调整后的效果。

印花图案的整体色彩调整还有几种自动的方法，如"自动色价""自动对比度""自动颜色"等，都没有手动调整让人满意。

3. 印花图案的单色调色

对于已经分色的印花图案，可以打开PS中的通道，对每个分色通道进行色彩的调整，方法与整体调色类似，难度不大。但要考虑颜色重叠以后的效果。对于未经分色的又色彩繁复的印花图案，要对其中的特定色彩进行调色而不改变其他颜色，这个难度还是比较大的。具体有以下两种方法：

（1）选区调色法：利用工具箱中的套索和魔棒，或在"选择"菜单里用"色彩范围"进行选择。为了避免调色后出现生硬的边界，可以执行"选择→修改→羽化"操作，设置2~20之间的羽化半径。调色后的选区边界就会比较柔和。

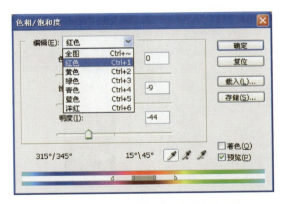

图4-40　"色相/饱和度"对话框

图4-41　用色相/饱和度调色后的效果

进行准确的选择后，便可以对已选取图案进行大胆调色。方法与整体调色时基本相同。图4-42所示为对选区内的红色花朵执行"调整→色相/饱和度"后更改为蓝色的效果。此法优点是颜色改得比较干净，选区外的颜色不会受影响。缺点是会使图片有生硬感。

（2）自动替换颜色调色法：执行"图像→调整→替换颜色"操作，打开对话框。单击"吸管"按钮，在图中用吸管吸取要改的颜色，也可用"吸管+"和"吸管-"工具来增减要更改的色彩。再拖动颜色容差滑块到恰当的位置。移动色相、饱和度、明度的滑块，可以更改预定的颜色。图4-43所示为无选区状态下用"颜色替换"功能将红色花朵改为蓝色的效果。此法优点是调色比较自然，缺点是无法恰到好处地更改需要的颜色，通常出现局部要改的颜色未改，而不需要改的颜色却被修改的现象。

4. 印花图案的手动颜色替换调色法

在PS的工具箱里，有一种"替换颜色工具"，可以像画笔一样使用。只是"画笔工具"会产生新的造型，而"颜色替换工具"只是把画过的区域颜色换成了前景色，并不会改动原来的造型。

具体方法是：将前景色调成要用的新颜色。若要将图案中的颜色合并归类，也可用吸管工具在图中吸取新颜色。单击"替换颜色工具"按钮，右键单击画面打开对话框预设笔的大小、硬度、间距、角度、圆度等。并在工具栏中设置模式为"颜色"或"色相"；取样方式为连续；限制为连续。容差是指将被替换掉的颜色的误差范围。设置完后在要修改的颜色上小心涂抹。涂过的地方将会换成前景色。如图4-44所示涂抹过的红色花朵已变成蓝色，未涂抹的地方没有丝毫变化。此方法的优点是调色干净，不会连带改动其他颜色。缺点是修改需要手动，速度较慢。

这种方法非常适合转移印花图案的配色设计，它可以把过多的复杂色彩进行归类合并，降低印花制版的成本。

5. 印花图案的渐变映射调色法

"渐变映射"是指用预设的渐变色调

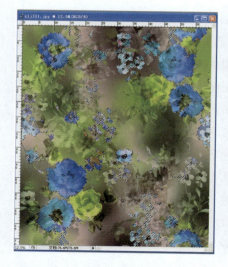

图 4-42　用选区调色法的调色效果

图 4-43　用自动替换颜色法的调色效果

替换图案原有的颜色。改后的色调会使图案产生很大的变化。单击图层面板下方"创建新的填充或调整图层"按钮，执行"渐变映射"操作，打开对话框。单击下拉箭头选择一种渐变形式，可将印花图案色调替换成选中的渐变色调，如图4-45所示。

软件自带的渐变形式不多，可以自行制作添加。单击渐变预示栏，可以打开"渐变编辑器"。单击渐变预示栏下方色标滑块，再单击下部色标栏中色块，打开"选择色标颜色"对话框。点选要用的色

标并确定。印花图案的色调又会随之改变。拖动颜色中点可以改变两个色标在整体图案中所占的比重。

此方法的优点是可以快速生成新的色调。缺点是由于自动生成带来的图案形象不明确甚至形成表达的混乱。所以通常是对图案调色没有明确方向时使用。严谨的印花图案调色时不建议使用。

PS软件的图像调色功能非常强大，在操作方法上仍有很多值得研究拓展的地方。譬如将选区调色法与手动替换颜色调色法相结合，局部调色会更加精确。运用PS软

图 4-44　用手动替换颜色的方法调色的效果

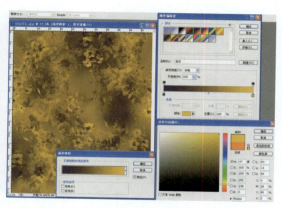

图 4-45　用渐变映射调色法改变图案色调

件的配色调色，是一个介于艺术设计与计算机应用技术之间的课题。无论设计师还是技术员，都必须在掌握色彩科学知识、图案的配色规律、流行色的应用方法之后，熟练运用计算机图像技术，才能进行完善

的印花图案配色设计。

相信随着计算机技术的不断发展，在艺术设计的领域还将不断深入。在未来的日子里，艺术设计通过计算机技术的使用，在印花工业领域将大放异彩。

第五节　多层设计

PS软件强大的图层功能为各类视觉平面设计的深层设计和修改提供了可能。像是含有文字或图形等元素的胶片，一张张按顺序叠放在一起，组合起来形成图像的最终效果。图层可以移动从而将页面上的元素精确定位。在设计中可以根据需要不断新建或复制新图层，每个图层中可以加入文本、图片、表格、插件等元素，并且可以设置不同的效果以协调与其他图层之间的关系。设计时可以逐个图层进行修改和调色等处理。通过多个图层叠加、效果处理以及层间关系的处理，可以营造出丰富多彩的图案效果。多层设计是运用PS软件进行数码印花图案设计的重要环节。

数码印花图案的多层设计主要有背景分层法、效果设置法、蒙版制作法及调整图层法等。

一、背景分层法

用背景分层法可以将不同背景元素进行合理组合，达到互相交融的效果。具体操作方法见第四章第三节中的分层接版。在每层中都不能留有接版痕迹。

二、效果设置法

对于多层设计的数码印花图案，通过对每个层的混合模式的设置，可以达到互相交融、主次分明的效果。单击"正常"右边的扩展箭头，可以打开混合模式的众多选项，如图4-46所示。单击其中一个，便是对当前图层执行该模式的操作。我们还可以通过调节不透明度来调整当前图层在画面中的强弱。不透明度越高，图层效果越强，反之越弱。在多层数码图案中，图层混合模式的设置与不透明度的调节可以营造画面和谐交融的感觉，有助于突出主体，处理层次。如图4-47所示完成接版后正常显示的底纹层；图4-48所示为不透明度70%的柔角画笔手绘底纹叠压在底纹层上的"正常"模式；图4-49所示为不透明度79%"明度"模式的花卉叠压前两层上；图4-50所示为不透明度79%"强光"模式的碎花叠压前三层上；图4-51所示为不透明度100%"正常"显示的主花叠压在前四层上的效果。

图 4-46　图层效果选项

图 4-47　完成接版后正常显示的底纹层

图 4-48　不透明度 70%

柔角画笔手绘底纹叠压效果

图 4-49　不透明度 79%

明度模式花卉叠压

图 4-50　不透明度 79%
强光模式碎花叠压

图 4-51　不透明度 100%
正常显示的主花叠压

三、蒙版制作法

图层蒙版是用于控制图层中图像的显示或隐藏效果的功能，在对于图像进行显示或隐藏的同时而不会影响原图像的效果，具有保护原图像的作用。图层蒙版主要具有图像特效合成的作用，利用图层蒙版，可以对图像进行无缝隙合成，制作出逼真的画面效果。蒙版主要分为图层蒙版、快速蒙版、矢量蒙版、剪贴蒙版四种类型，应用这些蒙版可以制作各种特效合成效果。

在进行数码印花设计时，可以添加当前图层蒙版。通过对蒙版的编辑，可以对图像进行隐藏或显示以及滤镜进行编辑，操作方便、便于修改。

1. "蒙版"的创建与调整

蒙版是设计图像效果的一个重要功能。Photoshop CS6中，只需单击图层面板下方"添加图层蒙版"按钮，即可为当前图层添加蒙版。再打开属性面板，对蒙版进行浓度、羽化、调整边缘等编辑，使蒙版编辑更集中化。再单击"蒙版边缘"按钮，打开"调整蒙版"对话框进行当前蒙版的调整设置，如图4-52所示。单击属性面板下方几个按钮，可以分别执行载入蒙版选区、应用蒙版、启用/停用蒙版、删除蒙版等操作。

2. 蒙版的基本操作

（1）创建并编辑图层蒙版：在"图层"面板中选中需要添加图层蒙版的图层缩缆图，单击"图层"面板下方的"添加图层蒙版"按钮，即可添加为该图层添加蒙版。也可以通过执行"图层→图层蒙版"命令，在弹出的子菜单中进行选择，创建图层蒙版。图层蒙版是灰度图像，采用黑色在蒙版图层上进行涂抹，涂抹的区域图像将被隐藏，显示下层图像的内容。相反采用白色在蒙版图像上涂抹，则会显示被隐藏的图像，遮住下层图像内容。采用灰色在蒙版图像上涂抹，则会使该图层处于半透明状态。未编辑的蒙版缩缆图呈白色，使用黑色涂抹蒙版图像呈黑色。

图4-52　蒙版设置

图4-53　在底纹之上创建蒙版图层效果

（2）蒙版编辑方法：

①使用绘图工具编辑图层蒙版：绘图工具操作相对灵活，通过对绘图工具选择的画笔不同，编辑的蒙版效果也会不同，如图4-53所示。

②利用渐变工具编辑图层蒙版：为图层添加图层蒙版以后，常会用到工具箱中的渐变工具对蒙版进行编辑。使用渐变工具可以制作渐隐的效果，使图像蒙版的编辑过度非常自然，在合成图像中常被应用，

如图4-54所示。

③利用选区工具与油漆桶工具编辑图层蒙版：图层蒙版创建完成后，单击蒙版缩缆图，可以通过选区工具对蒙版图像创建选区，选择油漆桶工具填充选区黑色，对选区内的图像进行隐藏，填充选区白色则显示被隐藏的图像内容，填充选区灰色就会使选区内的图像渐隐，如图4-55所示。

④利用滤镜编辑图层蒙版：滤镜是Photoshop中十分强大的功能，使用滤镜可

图4-54　用菱形渐变工具制作蒙版效果

图4-55　用选区填充工具制作蒙版效果

以为图像添加各种特殊效果。滤镜在蒙版编辑中不常用，在蒙版编辑中却起着画龙点睛的作用，图4-56所示。

（3）快速蒙版：快速蒙版主要用于对图像选区的创建、抠取图像，可以将任何选区作为蒙版进行编辑。

单击工具箱下方的"以快速蒙版模式编辑"按钮，即可进入快速蒙版，使用绘图工具可以对图像进行涂抹，默认状态下涂抹颜色为半透明的红色，涂抹完成后再次单击工具箱下方的"以标准模式编辑"按钮，将涂抹的区域转换为选区。

快速蒙版常被用于进行大面积的选区创建，在快速蒙版编辑模式下，同样可以采用工具箱中的工具对蒙版进行准确的选择。通过对需要选择的图像进行涂抹并将其转换为选区，然后删除选区以外的图像，完成对图像的抠取。

（4）矢量蒙版：矢量蒙版常被用于对矢量图形的修改，通过对矢量蒙版的创建，能够很好地保持图形的路径，在需要的时候随时可以在"路径"面板中进行选择编辑。矢量图像都是通过矢量蒙版进行处理

的，有了矢量蒙版能够高效率的进行图像制作。

图层与面板之间有一个链接符号，将图层与蒙版链接在一起，便于对图层与蒙版进行编辑。单击该链接符号，当链接隐藏时将图层与蒙版进行分开，可以单独对图层与蒙版进行移动、变换操作。

将图层与蒙版进行链接，可以对其进行一起移动。但是如果取消链接，就可以对图层与蒙版进行单独的移动。

矢量蒙版中的路径可以进行随意的变换，在变换的过程中与图层和蒙版的链接有很大关系。当链接图像与矢量蒙版在图像中没有显示出路径线的情况下，执行变换操作时图像与矢量蒙版的路径一起变换。

（5）创建剪贴蒙版的方法：剪贴蒙版图层包括两个或两个以上的图层，剪贴蒙版中内容图层作用于基层基础上，根据基层的形状对内容图层产生约束，隐藏或显示内容图层图像，如图4-57所示。常用方法为：按住"Alt"键，将鼠标指针放在"图层"面板中分隔两个图层的线上，光标变成两个交叉的图形，然后单击，创建剪

图4-56　对前图中蒙版执行
"滤镜→扭曲→挤压"的效果

图4-57　创建剪贴蒙版与
图像合成的效果

贴蒙版图层。

　　在图层面板中选择剪贴蒙版中的内容图层，执行"图层→释放剪贴蒙版"命令，可以将剪贴蒙版图层释放为普通图层。在图层面板中添加了多个剪贴蒙版图层后，需要将部分的剪贴蒙版图层进行释放，可以按住"Ctrl"键对需要释放的剪贴蒙版图层进行选择，然后单击"图层"面板右上角的扩展按钮，在弹出的扩展菜单中选择"释放剪贴蒙版"命令，释放剪贴蒙版图层。

　　在剪贴蒙版中设置混合模式也是取决于基层，当对基层进行混合模式设置时，内容图层会受到基层混合模式的影响。当对内容图层进行混合模式设置时，基层为"正常"模式，也能使两个图层之间产生混合效果。

四、调整图层法

　　在复杂的数码印花图案设计中，调整图层可以为图像自由地添加一些色彩效果。

也可以简单删去调整图层而不影响原图。调整图层的效果只改变下面的可见图层，对上面的图层不起作用。如图4-58所示是在图层1之上加入"色彩平衡"调整图层，将图4-51所示的紫色调背景改变成绿色调。调整图层可以结合快速蒙版或其他选区工具一起使用，会出现更好的变幻莫测的色彩效果。图4-59所示的制作方法如下：

　　（1）点击工具箱下方"快速蒙版"按钮，进入快速蒙版后用柔角画笔涂抹蒙版（图4-60）。

　　（2）点按工具箱下方"以标准模式编辑"，退出快速蒙版，转换为选区（图4-61）。

　　（3）点按调整面板中添加"色相/饱和度"调整图层，将选区部分调为饱和度较高的红、黄色调（图4-62）。完成效果制作。

　　PS的强大功能为现代数码印花设计提供了多方位多样化的功能，通过多图层的设计和层间关系的处理使数码印花图案达到了奇幻的效果。

图 4-58　加入色彩平衡调整图层后
图像转为绿色调

图 4-59　添加"色相/饱和度"
调整图层效果

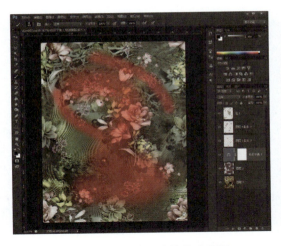

图 4-60　柔角画笔涂抹快速蒙版

图 4-61　将快速蒙版转换为选区

图 4-62　添加色相／饱和度调整图层

本章小结

　　Photoshop软件中进行数码印花设计，大致可以分为素材处理、元素抠图、花回接版、色彩调整、多层设计五个环节。素

材的选择原则必须遵循高精度原则、适合性原则、流行性原则、创新性原则。素材处理可以从图像尺寸和分辨率的调整入手，

采用仿制图章法、局部复制法进行修补。再适当调整图像的明暗关系，对图像细节进行锐化和柔化处理。

把需要的元素从素材图片中分离出来的方法叫作抠图。抠图的关键在于选取元素。选取的方法有选框法、套索法、魔棒法、色彩范围法、综合法等几种方法。选择完成的素材，还可以通过选择菜单中的"修改"进行调整。

在纺织品印花图案的设计中，我们通常只设计一个花回的图案。生产或制版前将其重复连续拼接，制成印花网版或直接数码喷印。因此图案通常要做到上下边缘和左右边缘的画面无缝衔接。数码印花图案设计中有整图接版和分层接版两种情况。通过位移修边法和扩图补充法可以进行整图接版。分层接版要做到无缝修图、边缘柔化、合理构图。

PS软件中的图像色彩调整可分五种情况。矢量元素调色、印花图案的整体调色、印花图案的单色调色、手动颜色替换调色法、渐变映射调色。其中印花图案的整体调色可以用色阶调整法、曲线调整法、色彩平衡调整法、色相/饱和度调整法进行处理。

PS软件强大的图层功能为各类视觉平面设计的深层设计和修改提供了可能。通过多个图层叠加、效果处理以及层间关系的处理，可以营造出丰富多彩的图案效果。数码印花图案的多层设计主要有背景分层法、效果设置法、蒙版制作法、调整图层法等。

思考题

1. 如何选择设计素材并进行基本图像处理？

2. 请列举选区元素的方法。

3. 数码印花图案设计如何接版？

4. 图案色彩调整有哪些方法？

5. 如何进行数码印花图案的多层设计？

实践题

1. 收集五张高精度图片，进行素材处理和抠图。

2. 收集五张高精度底纹图片，进行处理、修图和接版。

3. 将抠好的素材与接好版的底纹图案结合，进行多层设计两件。

4. 将设计好的多层图案进行色彩调整。

数码印花 T 恤图案的设计

课题名称：数码印花 T 恤图案的设计

课题内容：精细几何图案设计

T 恤特殊图案设计

课题时间：4 课时

教学目的：学生基本掌握 T 恤图案的特点和设计要求

教学方式：讲解法、演示法、分组合作法、练习法

教学要求：1. 了解数码印花 T 恤图案的特点和类型

2. 掌握数码印花 T 恤图案设计的要求

3. 了解数码印花 T 恤图案的设计方法

课前（后）准备：收集 T 恤图案相关素材和参考图片，了解 T 恤图案流行元素

第五章　数码印花 T 恤图案的设计

在现代社会中，T恤是流行最为广泛的服饰形式之一，是一种不受年龄、性别、民族限制的服装形式。T恤图案从制作工艺上来分有印花图案、绣花图案、手绘图案、手工印染图案、烫钻图案等，应用最多的是印花图案。因为21世纪数码印花技术的出现，使得T恤图案的设计也更丰富多彩，不受传统印花工艺限制。T恤图案大致可分为精细几何图案和特殊图案两类差异较大的风格形式。

第一节　精细几何图案设计

随着我国经济文化领域的快速发展，人民的生活水平不断提高。国际化进程的加速，使衣食住行的生活领域产品日益丰富多样。服装的流行趋势逐渐与国际接轨。男装面料类型也是五花八门、精彩纷呈。精细几何图案是男士服饰面料中的常见典型图案。在领带、衬衫、T恤和里料中应用较多。

一、精细几何图案的设计现状

目前的精细几何图案中，传统纹样的使用较多，表现手法也比较简单。适合圆网、平网和转移印花。在数码印花领域，精细几何图案的风格尚未得到充分开拓。电脑软件的强大功能也没有得到充分的运用。

二、精细几何图案的设计方法

精细几何图案设计可以分为基本型制作、基本单位设计和填充大图三个环节进行：

1. 基本型制作

（1）新建白纸，20cm×20cm，分辨率250DPI，RGB模式，8位，背景白色。

（2）从标尺上按左键分别拖动一条垂直线和一条水平线至2cm处。

（3）在画布左上角2cm×2cm的区域内用选取工具、画笔工具、渐变工具和自选图形工具等设计绘制基本形。如图5-1所示。

（4）也可以从参考素材中选用合适的元素制作基本型。

2.基本单位设计

（1）选中设计好的基本型2cm×2cm方块，按"Ctrl+C"键复制，"Ctrl+V"键粘贴。

（2）将粘贴的新图层执行"编辑→变换→水平转换"，移动至原基本型的右侧。

（3）同样方法，再将基本型复制、粘贴、变换移动至下方两次，形成4cm×4cm的上下左右对称的基本单位图案后合并可见层。

3.填充成大图

（1）框选基本单位图像，执行"编辑→定义图案"，输入图案名后单击确定（图5-2）。

（2）单击油漆桶工具，在工具选项栏中将前景色切换为图案。

（3）单击工具选项栏中图案扩展箭头，选中刚才设置的图案。

（4）选择油漆桶工具单击画布，填充图案，完成精细几何图案的设计（图5-3）。

三、精细几何图案的创意设计

（1）利用PS自定形状工具设计基本型填充图案（图5-4）。

（2）在现有素材中剪贴局部，拼贴成一个单位图案进行填充，如图5-5所示就是利用图5-6设计的精细几何图案。

（3）利用现有的矢量图形模板设计精细几何纹样。如图5-7所示是无缝接版的几何形矢量图形，魔棒选中咖啡色复制，在图5-8同样尺寸的无缝接版的图像中粘贴，成图5-9。

（4）利用几何模板的图层模式变化图案效果。如图5-10所示为几何模板图层的柔光模式效果。

（5）可以修改几何模板图形与底图叠压。图5-11所示为模板选区收缩后填充黑色的效果。

（6）可以将模板图形的描边与底图进行叠压。图5-12所示为提取出模板图形的描边转换成白色线条后叠压在底图上的效果。

（7）利用选区和调整图层设计新效果，如图5-13所示是对模板选区收缩后，创建了一个色彩平衡的调整图层的效果。

（8）利用新素材层设计重叠新效果。如将图5-14所示无缝接板的素材层拖进当

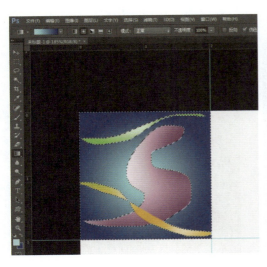

图 5-1　绘制基本型

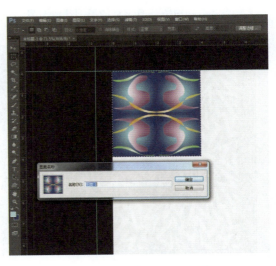

图 5-2　设计基本单位图案

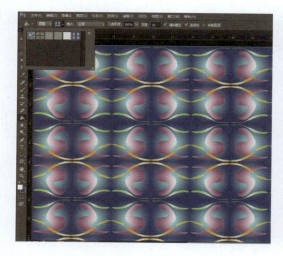

图 5-3　填充图案

图 5-4　自定形状工具设计图案

图 5-5　利用图 5-6 设计的精细几何图案

图 5-6　素材图片

图 5-7　无缝接版的几何形矢量模板

图 5-8　无缝接板的图像

图 5-9　几何模板复制到图像上

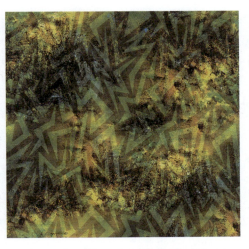

图 5-10　柔光模式的几何模板图层

图 5-11　修改模板与底图叠压

图 5-12　模板图形描边与底图叠压

图 5-13　以收缩的模板选区创建色彩平衡的调整图层

图 5-14　无缝接板的蓝调图像

前图像中，然后借用几何模板选区抠掉蓝调素材层的部分区域，露出部分底图（图5-15）。再在蓝调素材层上创建一个图层蒙版，用不同深浅的灰色涂抹，便形成若隐若现的透明效果（图5-16）。

四、其他精细几何图案的设计

除了以抽象几何图形为模板，我们也可以选用中式传统纹样和欧式纹样为模板，设计更多的精细几何图案。例如，将图5-17所示的欧式纹样模板叠压在图5-14所示的图层上，调整模板明度并创建一个蒙版后产生的效果（图5-18）。

数码印花图案的设计，可以充分利用PS的强大功能设计出变化莫测的效果。即便是精细几何图案，也可以用多图层，借助混合模式、蒙版和调整图层等设计出别出心裁的效果。

图5-15　按几何模板抠取的蓝调图案

图5-16　创建图层蒙版后的效果

图5-17　欧式纹样图形模板

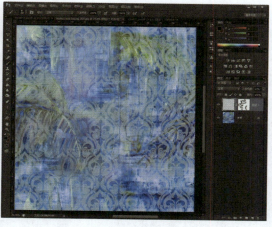

图5-18　利用图5-17为模板设计的
欧式精细几何图案

第二节　T 恤特殊图案设计

精细几何图案适用于中老年的正装T恤，而大部分的T恤图案设计会考虑服装的特殊服用功能进行不同的装饰设计。

T恤特殊图案从构图上分有满版图案、花边图案、独幅图案和单独图案。以独立存在的单独图案为主，装饰在前胸或后背。单独图案包括不受轮廓限制的自由单独图案、在固定区域内填充纹样的填充图案和完整适合于一定外形的适合图案（图5-19~图5-28）。

T恤图案从内容上来分可以分为人物图案、动物图案、植物图案、风景图案、器物图案、卡通图案、文字图案、抽象图案和综合图案。

图 5-19　自由单独人物图案

图 5-20　植物满版图案

图 5-21　综合填充图案

图 5-22　风景摄影图案

图 5-23　动物摄影图案

图 5-24　文字、风景结合的
综合图案

图5-25　迪士尼
卡通图案

图5-26　综合适合
图案

图5-27　前胸的
对称动物图案

图5-28　后背的
配套对称图案

一、T恤特殊图案的设计要求

　　T恤特殊图案在形式上与其他纺织品图案有很大差异，它独立存在的形式有一种强烈的表达感，也就是说有一定的思想性存在。通过图案会直接或隐晦地表达创意、美感和思想。有些会借助文字，有些只是用图案来传达。因此在T恤特殊图案设计时，要注意以下几点要求：

　　（1）单独图案主次分明，重点突出。

　　（2）根据装饰部位因地制宜，合理布局。

　　（3）根据消费者心理确定图案风格，不同性别、不同年龄喜好不同，要因人而异。

　　（4）图案可以传达一定的思想性，譬如乐观、积极、励志的主题。如图5-27、图5-28表达了坚实的翅膀和飞翔的决心。

　　（5）独幅图案的设计要进行构图和色彩的处理，而非照片原样再现。

　　（6）T恤特殊图案的设计要注意对比与调和、均衡与均齐、节奏与韵律等形式美法则的运用。

二、T恤特殊数码图案的设计方法

1. 单独图案的设计方法步骤（案例说明）

　　（1）构思主题，准备主图、背景、文

字等素材。

　　（2）新建白纸30cm×40cm，300DPI，8位，RGB模式。

　　（3）将雪山背景和主图素材太阳创意图形分别拖进新建文件中，放好位置，主图层应在背景层之上，如图5-29所示。

　　（4）用柔角橡皮擦擦柔背景图像边缘，执行"图像→调整→色相/饱和度"将明度适当调高；在主图层中魔棒点选空白处，反选；新建图层，在选区内用各种彩色柔角画笔涂抹，如图5-30所示。

　　（5）将新建图层设置成"正片叠底"混合模式，使主图带上梦幻色彩感，如图5-31所示。

　　（6）在文字素材图5-32中抠取要用的字母，粘贴到当前设计图中，组成"SUNDAY"，如图5-33所示。

　　（7）检查构图，在较空处适当补充其他元素。如图5-34所示用PS文字功能输入两行辅助文字，起到平衡构图的作用。

2. 独幅图案的设计方法步骤（案例说明）

　　（1）构思主题，准备可以用于T恤的摄影或绘画作品。

　　（2）准备T恤裁片模板，T恤在结构上有装袖和连袖两种形式，以连袖T恤为例进行独幅图案的设计。

图 5-29　主图和背景层叠压

图 5-30　处理背景和主图

图 5-31　手绘色彩正片叠底效果

图 5-32　文字素材

图 5-33　添加卡通文字

图 5-34　用 PS 文字功能输入

（3）将半片裁剪图按图示尺寸在PS软件中放大至成衣尺寸，执行"图像→画布大小"将画布改大到80cm宽度，框选半片衣片后复制粘贴。执行"编辑→变换→水平转换"并移至左边，拼好完整衣片（图5-35、图5-36）。

（4）用多边形选区工具按轮廓选中衣片，新建图层后填充颜色。按"Ctrl+T"键缩放衣片至76cm宽，70cm高，如图5-37所示。

（5）导入准备好的素材图片，放大至遮住整个衣片，如图5-38所示。

（6）在衣片层魔棒点选衣片，切换到素材层，按反选，"Ctrl+X"键剪切多余图像，如图5-39所示。

（7）复制素材层，将复制的层执行"图像→调整→色相/饱和度"调低饱和度，再执行"图像→调整→色彩平衡"增加红色与洋红，如图5-40所示。

（8）用蒙版制造效果。在复制层上创建图层蒙版，在蒙版上用柔角大画笔于下

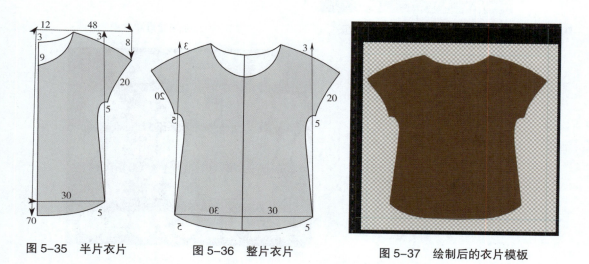

图 5-35 半片衣片   图 5-36 整片衣片   图 5-37 绘制后的衣片模板

图 5-38 导入素材图片

图 5-39 裁剪图片

方涂抹黑色，往上逐渐由深至浅涂抹灰色，形成该层由下而上的透明到不透明的过渡。由此形成整个图案上红下绿的奇妙色彩感觉，如图5-41所示。当然，也可以根据需要打乱红色与绿色。

（9）添加渐变图层制作效果。魔棒点选衣片，在绿色图像层上，添加一个墨绿的渐变涂层，并设置为"正片叠底"混合模式。可以加深绿色图像的下部，如图5-42所示。

三、T 恤数码图案的系列配套设计方法

（1）利用同一图像素材改变色彩和构图进行系列化设计，如图5-43所示。

（2）利用类似风格素材进行系列化设计，如图5-44所示。

（3）利用色调改变进行系列化设计，如图5-45所示。

时代在发展，没有任何一种形式是一

图 5-40 调整复制的图层颜色

图 5-41 利用蒙版营造上红下绿的效果

图 5-42 添加墨绿渐变的图层效果

图 5-43 系列设计一

图 5-44　系列设计二

图 5-45　系列设计三

成不变的，本章中主要介绍了两类三种T恤图案的设计方法。除此以外，T恤图案还可以在设计部位上、图案题材上、PS滤镜运用上、创意上、思想性上进行设计思路的拓展。

本章小结

T恤图案从构图上分有满版图案、花边图案、独幅图案和单独图案。T恤图案从内容上来分可以分为人物图案、动物图案、植物图案、风景图案、器物图案、卡通图案、文字图案、抽象图案和综合图案。T恤单独图案的设计方法着眼于前胸或后背的局部设计。可以多层设计，图文结合。独幅图案的设计方法分为裁片模板制作和图案设计。利用经典绘画和摄影作品进行设计，基本上是满版展示。

思考题

1.目前T恤单独图案的设计有哪些趋势？

2.独幅T恤图案在设计中可以进行哪些变化？

实践题

1.设计前后配套的T恤图案两套。

2.设计独幅式T恤图案两幅。

女装数码印花图案的设计

课题名称： 女装数码印花图案的设计

课题内容： 满版式清底女装图案的设计

3D 效果女装图案的设计

多层女装图案的设计

对称式女装图案的设计

定位女装图案的设计

课题时间： 20 课时

教学目的： 学生基本掌握各类数码印花女装图案的特点、设计方法

教学方式： 讲解法、讨论法

教学要求： 1. 掌握清底女装图案的设计方法

2. 掌握 3D 效果女装图案、多层女装图案设计的方法

3. 熟练掌握对称式女装图案、定位女装图案的设计方法

课前（后）准备： 收集女装数码印花相关文章和参考图片，了解女装数码印花的流行情况

第六章　女装数码印花图案的设计

我国的印染技术历史悠久，甲骨文的"染"字就是手工染色操作的象形文字。之后商周的《周礼》《礼记》《诗经》中均有记载印花和染色的事项。隋唐时期，印花纺织品名频繁出现在诗歌、小说甚至佛经中。宋元明清时期纺织品印花生产逐渐普及。元代的《碎金》、明代的《本草纲目》、清代至民国年间的《苏州织造局志》《丝绣笔记》《木棉谱》等文献记载了纺织品印花的相关内容。[2]在漫长的历史长河中，中国人用智慧和实践发明了直接印花、防染印花、扎染和蜡染。并将这些技术进行了极致的运用，造就了丰富多彩的中国传统服饰文化。印花比绣花更为广泛地进入大众的生活，并成为历代女装中不可或缺的部分。

18世纪后，欧洲发明了滚筒印花机、平网印花机和圆网印花机。印花技术迅速发展，并向全球推广。中华人民共和国成立后，我国的印花技术也有了快速发展。尤其是改革开放以来，由于筛网印花技术的不断完善，合成纤维和新型纤维、新型染料的不断问世以及新型雕刻技术和数字印刷技术的飞速发展，使纺织品印花技术更加科学化。21世纪初开始盛行的数码印花技术使得女装领域进一步向个性化、多样化发展。计算机技术再为图案设计提供更高效、更便捷的功能的同时，也对设计师提出了更高的技术水平和艺术素养的要求。

在当代女装流行面料图案中，主要有满版花和定位花两大类形式。满版花就是按照四方连续的排版规律进行设计的图案，基本上可以自由剪裁。也叫满版式女装图案。定位花是根据成衣设计需要而排版的图案，一般先要确定成衣大致款式的裁剪图，再进行图案设计。也叫定位式女装图案。

第一节　满版式清底女装图案的设计

在所有女装面料图案中，满版花所占比例非常大。应用范围也最广，销量也高。而从近几年图案流行趋势看，清底女装图案的比例快速上升。尤其是在一些国际知名品牌的女装中，清底图案面料的运用非常多见。所谓清底图案，是指不带任何底纹、没有过多层次的由清爽纹样有序或自然组合的图案。

一、清底女装花型特点

（1）底色单纯，无底纹，所用底色大多为当年流行色。

（2）元素比较多样化，以各种表现手法的花卉元素为主。如写实手绘法、写意手绘法、摄影法、装饰变形法等创作的纹样元素。

（3）时尚感强，多采用流行元素和流行色彩。

（4）图底色彩区分较大，纹样清晰明确。

二、清底女装花型的类型

从图案内容来看，清底女装图案主要有以下几种类型：

1. 单纯花卉类

图案元素来源于各种植物的花叶。近几年比较流行热带植物元素，如图6-1所示的扶桑花、棕榈、龟背叶、鹤望兰等。

2. 综合花卉类

图案以花卉元素为主，加入其他鸟类、兽类、昆虫，或者文字、几何等元素。如图6-2所示将花卉元素与水果、鸟类进行组合。

3. 复古花卉类

选用以色块、撇丝、泥点等传统表现形式创作的带有浓厚的怀旧感的纹样按照传统排版形式设计的图案。大多为流传广泛的经典风格纹样。如图6-3所示为装饰变形处理的复古纹样。

4. 其他元素类

随着时代的发展，人们的视野变得越来越开阔，能够接受并迅速传播的图案元素越来越多。各种飞禽走兽、瓜果、日常器皿、鱼、昆虫纷纷成为当前图案表现的

图6-1　单纯花卉类

图6-2　综合花卉类

图6-3 复古花卉类

图6-4 海洋生物图案

图6-5 蔬菜元素图案

图6-6 昆虫元素图案

主题。如图6-4~图6-6所示。

三、清底花型设计步骤

（1）打开PS软件，新建白纸，60cm×

60cm，200DPI，RGB模式。

（2）打开处理好的素材若干，分别进行精确抠图，边缘羽化2~5个点。如图6-7~图6-10所示为设计清底女装图案的备选素材。为了体现纹样的丰富性和自然性，各素材在造型和色彩上要有一定的差异。

（3）选择素材，按"Ctrl+C"键复制；切换到新建的文件窗口，按"Ctrl+V"键粘贴，按"Ctrl+T"键导出变换框，鼠标拖动角缩放旋转，按住中间拖动，放好位置，按回车键确定。

（4）通过图层位移的方法，布置好边缘纹样。

（5）有些图层在位移过后会有局部遗留在画布之外，这会导致接版处纹样的缺失。因此要检查每个纹样在边缘的层，按

"Ctrl+T"键，按住留在画布外的边框线拖到边框上。

（6）调整每个元素的位置，适当改变局部颜色，并统一色调，完成设计。如图6-12取自图6-8的龟背叶素材的翠蓝色与整体图案不协调，就可以执行"图像→调整→色彩平衡"将其调至军绿。以便统一整体色调。

（7）完稿保存。先用PSD格式保存分层文件；再合并所有图层，保存一份JPEG格式的文件。

图6-7　设计素材一

图6-8　设计素材二

图6-9　设计素材三

图6-10　设计素材四

四、清底女装图案设计要求

（1）整体色彩要和谐，减少突兀的色彩和极小面积的碎色。可以通过调整→色相\饱和度来调整大的颜色。通过PS工具箱中颜色替换工具来修改碎色。

（2）对于较小的素材排版可以通过先排好的局部图层进行组合，再复制组移动到空白处。直到画布中只留下少量空隙，再复制单独小元素加以补充。如图6-11所示。

（3）多元素的丰富画面要处理好纹样的呼应关系、疏密关系、重叠关系、主次关系和虚实关系，才能使画面杂而不乱，生动自然。如图6-12所示。

（4）简单元素的清底图案可做较疏的散点排列，元素选用必须要独特。间距较大，画面清爽。如图6-6所示将不同的漂亮昆虫元素进行等间距的均匀错开排列，使之整齐而不死板。

虽然清底女装图案的总体效果都比较清爽简洁，但是由于排版疏密不同、元素内容不同、元素表现手法不同、色彩感觉不同，仍然会有较强的风格差异。设计时必须先定消费群体，再定图案风格和选用元素，最后进行组合设计和色彩调整。

图6-11 清底小碎花图案

图6-12 完成的清底女装花卉图案

第二节 3D效果女装图案的设计

在计算机技术高度发达的今天，图像制作技术也趋向炉火纯青的阶段。女装图案也有原来的简单的表现技法、清晰的套色和平面化处理转向多种软件功能的综合运用、无穷色彩的自由挥洒和奇幻绚丽的3D效果。

一、3D 效果女装图案特点

（1）有多种不同效果的图案元素同时运用。

（2）元素间互相联系，营造层次分明的层叠感。

（3）元素选用多为立体感强的写实花卉。

（4）画面有丰富的层次和景深感。

二、3D 效果的单个花卉元素的制作步骤（以粉色玫瑰为例）

（1）在 P S 软件中打开摄影原图（图6-13）。

（2）执行"图像→调整→色相/饱和度"，调整图像颜色（图6-14）。

（3）执行"滤镜→渲染→光照效果"，如图6-15所示将光源设置在右上方的聚光灯效果。

（4）框选花朵，用魔棒减选底色，执行"选择→修改→羽化"，将选区羽化10个点。

（5）新建图层，填充浅灰色，将图层移至花朵层下，形成阴影效果。如图6-16所示。

（6）复制一层阴影，缩小，设置成"正片叠底"混合模式，加深阴影。如图6-17所示。

（7）在花朵层，执行"滤镜→模糊→光圈模糊"，适当模糊花朵边缘。如图6-18所示。

图 6-13　摄影原图

图 6-14　调整色彩饱和度和明度

图 6-15　设置光照效果

图 6-16　制作一层阴影效果

图 6-17　复制阴影并缩小"正片叠底"

图 6-18　设置光圈模糊

三、3D女装图案设计步骤（以图6-19为例）

（1）在PS软件中打开素材图片，图片要求精度高、层次感强，明暗效果好，写实花卉为主。

（2）预处理图片，缩放，锐化，色彩调整。

（3）抠图，选中不要的区域，"Ctrl+X"键剪切，留下要用的元素，保存文件为PSD格式（图6-20）

（4）新建空白文件"未标题1"，尺寸60cm×60cm，200DPI，RGB模式，白色背景。

（5）在抠好的素材窗口选中要用的部分，按"Ctrl+C"键复制。切换到"未标题1"，按"Ctrl+V"键粘贴，多次同法操作后完成素材收集。

（6）对最前面的层进行排版，各元素放置在合理的位置（图6-21）。

（7）双击前景色，打开调色对话框，调好一种前景色单击"确定"，点按图层1背景层，按"Alt+Del"键填充前景色。

（8）在背景层之上新建空白层，调好一种前景色，用画笔工具喷涂画面中间区域，再执行"滤镜→其他→位移"，将原来图层边缘移至中间，继续喷涂。完成朦胧底纹层的绘制，烘托花卉纹样（图6-22）。

（9）复制花卉纹样层（图6-23）中的几个纹样元素，按"Ctrl+T"键变换状态下变化移动至合理位置，也可以用滤镜→其他→位移方法放置到边缘处自动衔接。

（10）对复制的几个层分别进行不透明度和效果的设置，形成于前景花卉不同的观感和虚实的对比，营造景深感和3D效果。如图6-24所示的花卉元素被设置成"明度"模式，不透明度调整为39%的效果。完成远景层的制作。

（11）调整前景层、远景层和背景

图6-19　3D效果女装图案

图6-20　从油画素材中抠出的元素

层的位置、色彩、透明度和效果，将设计完成的3D效果女装保存文件为PSD格式。

（12）根据生产需要进行流行色配色设计。逐层添加调整图层改变色彩倾向。经过多次调整后，原图的典雅高贵（图6-25）改变为优雅明丽（图6-19）。

3D效果女装图案强调的是图案前景、中景、远景和背景的巧妙制作和处理来达到一种前所未有的空间感图像效果，适合表达梦幻新颖的视觉感受。拓展了传统女装图案的设计形式，是纺织品图案领域的一大突破。由于PS软件的不断更新，目前的CS6版本已经有了3D菜单和3D面板，可以进行简单图像的3D编辑。如果能够结合数码印花设计，在纺织品图案中加以运用。纺织品图案创意将会有新的突破。

图6-21　主图纹样的排列

图6-22　朦胧底纹的绘制

图6-23　主图与底纹层叠的效果

图6-24　制作远景花卉层

图 6-25　调整主图色彩和排版

第三节　多层女装图案的设计

数码印花的喷墨打印特点和图像软件的强大功能，使得数码印花图案的设计可以达到以往任何传统图案所远不能及的出类拔萃的效果。依赖多图层的功能，设计师能够轻而易举地获得丰富的多纹样层叠效果（图6-26）。多层女装图案主要是根据这一功能来设计的。

一、多层式女装图案的特点

（1）层次丰富，通常有很多图层组成。

（2）有虚实变化，有朦胧感；在多层图案中，只有处理好虚实变化，才能使繁多的纹样显得杂而不乱。

（3）多种元素组合，衔接自然；在多元素的处理中，交界处的处理非常重要，必须经过柔化处理。

（4）主次分明，色彩丰富而协调。在多图层的设计中必须要处理好各层的主次关系。

二、多层式女装图案的图层结构

多层式女装图案的设计中，必须掌握图层的基本结构。一般从下到上分别有背景层、底纹层、隐花层和主花层组成。

如图6-27多层数码花卉女装图案便是由图6-28~图6-30两个底纹层和一个主花浮纹层组成。有些多层图案的图层结构非常复杂，除了普通图层外，还有许多还有很多调整图层、蒙版图层。在设计时可以分组编辑，方便理清思路。

三、多层式女装图案的设计步骤

（1）找到合适的大型底纹素材；接好花回，处理好色调；把它复制到新建文件中，缩放至满画布。如图6-31所示。

图 6-26　多层数码女装图案　　　　图 6-27　多层数码花卉女装图案

图 6-28　底纹层一　　　　图 6-29　底纹层二　　　　图 6-30　主花层

（2）找到合适的上底纹素材；接好花回，处理好色调；套索选择要用的部分，选择→羽化100~200不等，复制到设计文件"未标题1"中。如图6-32所示。

（3）通过滤镜→其他→位移安排好位置，调整好色彩。如图6-33所示。

（4）导入花卉类素材图片若干张，处理好大小，精度，色彩等，进行抠图。

（5）把抠好的素材复制到设计文件中，通过滤镜→其他→位移安排好位置。如图6-34所示。

（6）复制主花层中的纹样元素，粘贴于主花的间隙。通过层管理器中的混合模式功能处理出合适的效果，通过滤镜→其他→位移安排好位置。如图6-35所示。

（7）调整主花层的布局和色调；完成储存为PSD格式文件。

四、多层图案设计的延伸

为了达到更好的图案效果，对上述的设计步骤还可以进行技法和创意的延伸。

图6-31　抽象底纹层一　　图6-32　抽象底纹层二　　　图6-33　截取两层部分进行重叠

图6-34　添加主花浮纹的效果　　　　　图6-35　添加隐花层并调整颜色

（1）更多图层结合运用。图6-36所示包含了两个底纹层、一个手绘背景层、一个隐花层和一个主花层。

（2）3D景深效果的制造。如图6-36所示中置于主花层之下烘托主花，营造景深感。

（3）不同元素的和谐共处。如图6-37所示将动物、花卉等多种元素组合设计另类的图案效果。

（4）通过调整图层设计多彩的效果。

（5）通过滤镜设计变化元素的效果。

多层图案多用于雪纺、真丝、棉麻等夏季薄型面料的装饰，不但可以美化面料，还可以降低面料的透明度，遮盖面料中的瑕疵和轻微的色差。多用于女士衬衫和裙子的制作。在图案设计中有无限的潜力。

图6-36　多层组合并带3D效果的女装图案

图6-37　运用动物、花卉等多种元素组合的图案

第四节　对称式女装图案的设计

近几年来女装面料中开始流行一种独特的对称构图的图案。用在女士衬衫、连衣裙和半身裙中。由国际知名女装品牌引导，在全球中高端女装领域风靡。对称式女装图案以其不同以往的新颖构图和极具文化内涵的多元素运用而魅力无穷。

一、对称式女装图案的特点

（1）该类图案一般采用多种时尚元素组合。古典物件和自然花卉，抽象几何与写实动物都在这类图案中和谐共处。图6-38所示为风景与花卉组合的时尚图案；

图6-39所示为古典元素与抽象元素的结合设计；图6-40所示为抽象纹样与花卉图案组合的图案；图6-41所示为抽象为主的综合图案。

（2）通常有绝对对称和相对对称两种形式，绝对对称是中心线两边纹样完全相同，如图6-42所示相对对称是两边纹样大部分相同，局部不同。如图6-43所示中间的瓶花不对称。

（3）设计时常先设计一边纹样，再复制到右边进行水平转换。

（4）纹样布局有框架感；通过元素的

连接可以搭建出框架，有建筑之美。

（5）色彩常用对比色。纹样大多清晰明确，少用朦胧效果。

对称图案的设计过程比较复杂，我们可以将它分为主体纹样设计和背景纹样设计两部分。

二、主体图案设计步骤（设计案例）

（1）新建白纸，60cm×120cm，200DPI。

（2）准备纹样素材，处理好，如图6-44所示。

图 6-38　风景与花卉组合图案

图 6-39　古典元素与抽象元素组合图案

图 6-40　抽象纹样与花卉组合图案

图 6-41　抽象为主综合图案

114

图 6-42　多种元素组合单独图案

图 6-43　多种元素对称图案

（3）拉好垂直中心参考线，把素材逐个复制到新建文件中。

（4）在中心线的左边安排好每个素材层的位置，如图6-45所示。

（5）在层管理器中新建组1，把所有要复制到右边的素材层放到组中。

（6）复制组，将新组水平翻转移至中心线右边，如图6-46所示。

（7）在必要的空白处补充好不同素材，适当调整排版。保存为PSD格式。

图 6-44　准备素材，处理元素

图 6-45　设计组合好左边主图

三、背景图案的设计（设计案例）

（1）完成主体图案在背景层之上新建一层，用多边形套索根据浮纹的走向选择不同的区域，并按"Alt+Del"键填充不同的颜色。完成底色层的制作。色块分界线必须隐藏在浮纹之下。

（2）在底色层上点选淡蓝色，把前景色改为深湖蓝色。点按图层下方新建渐变图层。将前景色深蓝的透明渐变覆盖在淡蓝底色上（图6-47）。

（3）打开底纹素材，进行适当的图片处理（图6-48）。图片缩放至60cm×60cm，魔棒点选白色，按"Ctrl+C"键复制。

（4）切换到设计文件，点按"Ctrl+V"键粘贴在渐变图层之上。

（5）将底纹层复制一层，移至画布上部，并两层相接，布满画布。按"Shift"键并点按两层底纹层为当前层，进行图层合并（图6-49）。

（6）切换到底色层，点选黄色，创建绿色渐变层；点选底部蓝色，创建蓝色渐变层，以丰富底色（图6-49）。

（7）将底纹层的不透明度调整为65%，效果为柔光，底纹便隐入底色中，并随着底色的变化而变化（图6-50）。

（8）切换到底色层，点选白色，将前景色调成浅灰，按"Alt+Del"键填充；再新建黑色的渐变层，使中间区域更加丰富，并进一步突出主体花纹（图6-51）。

（9）适当调整各层色彩，保存为PSD格式。

对称结构的设计不但适用于满版式女装图案，也适用于定位图案，服装裁剪时按照人体中心线两边对称的原理布置图案。成衣效果新颖独特。

图6-46　复制好两边图案

图6-47　分割填充底色

图6-48　处理古典式底纹

图 6-49　在背景层之上　　　　　　图 6-50　底纹层调为　　　　　　图 6-51　中间增加一个
　　　　　加入底纹　　　　　　　　　　　　"明度"混合模式　　　　　　　　　　渐变图层

第五节　定位女装图案的设计

　　人们把根据女装款式需要进行特殊排版设计的图案称为定位女装图案。定位图案有两种：一是根据款式设计按裁剪图严格定位设计的女装图案，可以是二方连续花边图案，也可以是自由单独图案，甚至是角隅图案和适合图案；二是在纹样重点装饰门幅边缘的女装图案，其实就是大型的二方连续。通常讲的定位花是指按照门幅定位设计的图案。除非客户特别要求设计第一种定位花并提供裁剪图，否则应按照第二种形式进行设计。

　　定位花的常规布局分两种：一是单边定位花，一般布料幅宽在125cm以下的布料适用。纹样主要分布在幅宽一边，逐步变弱变稀。如图6-52所示。二是双边定位花，一般面料幅宽在125cm以上的面料适用，纹样重点分布在幅宽两边，向中间逐渐变稀变弱。如图6-53、图6-54所示。

　　定位花是从图案排版形式上来确定的图案种类。从图案的内容和表现技法上可以有不同变化和创意。

117

图6-52　单边花卉图案　　　　　图6-53　双边花卉图案　　　　　图6-54　双边抽象图案

一、定位女装图案的特点

（1）定位花是一种特殊的二方连续，宽度为布料幅宽。

（2）花回较大，通常为整门幅的高度×网版宽度。一般图案宽度定位60cm。

（3）多数定位花纹样多样，层次很丰富。

（4）定位花风格多样，适合做夏季薄型面料。

二、定位女装图案的设计步骤

（1）新建白纸，60cm×120cm，200DPI，选择底纹素材（图6-55）。

（2）处理底纹间的关系，用橡皮擦和橡皮图章工具处理层之间的衔接。

（3）打开底纹素材若干，根据需要复制到新建的文件中。

（4）处理底纹间的关系，用橡皮擦和橡皮图章工具处理层之间的衔接（图6-56）。

（5）创建新填充图层，做上下两个渐变图层，分别复制图层加深渐变，合并后调整图层转换为普通图层。形成上轻下重的色彩过渡（图6-57）。

（6）打开主图素材图片，抠图，复制到设计文件中。

（7）通过图层效果和不透明度的调整处理好各层的关系。文件保存成PSD格式（图6-58）。

图 6-55　底纹素材选用

图 6-56　两层底纹衔接处理

图 6-57　制作渐变图层

图 6-58　布置主花和印花

三、定位女装图案的拓展设计

（1）图案元素的选择向其他领域拓展，如图6-59~图6-61所示的学生作业中向建筑、人物鸟类拓展。

（2）图案的构图可以向框架式拓展，如图6-62所示的H型构图。

（3）图层的处理可以运用混合模式和调整图层。如图6-63所示用蒙版和混合模

图 6-59　学生作业一

图 6-60　学生作业二

图 6-61　学生作业三

图 6-62　学生作业四

式改变背景图层颜色。

（4）通过图层变换和滤镜效果制作元素效果。如图6-64所示用扭曲变形处理背景图案。

本章撰写的是当前流行的夏季女装面料的图案设计制作方法。随着计算机技术及其应用水平的进一步提高，消费者的审美视角和文化艺术领域不断拓宽。数码女装图案将呈现一种多元化的趋势。在纺织品的世界里大放异彩。

图 6-63　多层式单边定位花

图 6-64　花卉单边定位花

本章小结

在当代女装流行面料图案中，主要有满版花和定位花两大类形式。清底图案，是指不带任何底纹、没有过多层次的由清爽纹样有序或自然组合的图案，时尚感强，多采用流行元素和流行色彩。图底色彩区分较大，纹样清晰明确。设计时采用分层位移的方法接版。

3D效果女装图案具有立体效果明显、空间感强的特点，利用PS软件可以处理单独元素的3D效果和设计满版图案的空间层次感。

依赖多图层的功能，设计师能够轻而易举地处理出丰富的多纹样层叠效果。通常有很多图层组成；在多层图案中，只有处理好虚实变化，才能使繁多的纹样显得杂而不乱。必须要处理好各层的主次关系。多层图案一般从下到上分别有背景层、底纹层、隐花层和主花层组成。多层图案的设计，也就是设计好每一个层，并处理好层与层的关系。

对称式女装图案以其不同以往的新颖构图和极具文化内涵的多元素运用而魅力无穷。一般采用多种时尚元素组合。古典物件和自然花卉，抽象几何与写实动物都在这类图案中和谐共处。设计时常先设计一边纹样，再复制到右边进行水平转换。纹样布局有框架感；通过元素的连接可以搭建出框架，有建筑之美。

通常讲的定位花是指按照门幅定位设计的图案。有单边定位花和双边定位花两种。定位花是从图案排版形式上来确定的图案种类。从图案的内容和表现技法上可以有不同变化和创意。可以与对称形式结合，设计出新颖别致的女装图案。

思考题

1. 当前流行的清底女装图案主要采用哪些类型的元素？

2. 设计3D效果图案与普通多层女装图案有何差别？

3. 对称式女装图案的设计步骤是怎样的？

实践题

1. 设计不同元素的清底女装图案两张。

2. 设计3D效果的多层女装图案两张。

3. 设计对称式女装图案两张。

4. 设计单边定位图案和双边定位图案各一张。

数码印花围巾图案的设计

课题名称： 数码印花围巾图案的设计

课题内容： 方巾图案的设计

长巾的设计

课题时间： 8课时

教学目的： 学生基本掌握数码印花围巾图案的特点和设计方法

教学方式： 讲解法、讨论法、演示法、练习法

教学要求： 1. 数码印花方巾图案的特点和设计方法步骤

2. 掌握数码印花长巾图案的特点和设计方法步骤

课前（后）准备： 收集数码印花围巾图案的相关文章和参考图片，了解数码印花围巾的流行情况

第七章　数码印花围巾图案的设计

围巾作为一种实用性和装饰性兼具的服饰用品，广为世界各族人民所喜爱。严冬御寒，盛夏遮阳。不同的围巾在不同的季节发挥着应有的作用。从国际知名品牌爱马仕、古驰、路易·威登等到国内的上海故事、一米画纱等围巾品牌。无不在为围巾产品的推陈出新做出积极的贡献。

围巾与其他纺织品一样，可以用印花、绣花、提花、烂花、手绘等不同工艺制作装饰图案。近几年数码印花行业的快速发展，使之在围巾行业的使用越来越多。围巾产品的开发也因此而进入快速更新的高质量、多元化时代。

围巾从材质上分，有编织围巾、丝绸围巾、羊毛围巾、薄纱围巾。从构图形式上分，有适合图案、四方连续等形式。按围巾边缘处理来分，有边围巾（图7-1、图7-2）和无边围巾（图7-3）两种。从围巾造型上分，有方巾、长巾和不规则围巾。我们学习围巾图案的设计，主要是指方巾和长巾的设计。

图 7-2　有边适合式
经典方巾图案 2

图 7-1　有边适合式经典方巾图案 1

图 7-3　无边长巾 1

第一节　方巾图案的设计

方巾是最常用的围巾形式之一，常用的规格有大方巾120cm×120cm、中方巾90cm×90cm、小方巾60cm×60cm。适合做方巾的图案有角隅图案、单独自由图案、适合图案、四方连续图案。角隅式是指装饰在方巾四角的图案，通常适合角的两边。适合式是指整体图案的边缘适合于方巾四条边的图案，如图7-1、图7-2所示。围巾外沿分有边和无边两种。有边方巾显庄重、有序、高贵之美；无边方巾显自然、活泼、随意之美，如图7-3、图7-4所示。古典风格围巾大多有边，如图7-1所示。方巾的装饰工艺包括印花、绣花、提花、烂花、手绘等工艺。图7-5所示为手绘围巾。这里重点要介绍的是自由式和适合式的设计。

一、方巾图案的特点

（1）属于单独纹样的范畴，具有独立性和完整性。

（2）通常有对称和均衡两种形式。对称式端庄工丽，均衡式活泼自然。

（3）纹样比较多样化。除常规的花卉、动物、抽象几何以外，一些古典的马车、物件和印第安人的头饰等都多次出现在一些知名的方巾品牌中。

（4）色彩丰富，纯净艳丽。流行性很强。

二、数码方巾图案的图层结构

在PS软件里设计方巾图案，通常会有背景层、底纹层、中心图层、角隅主图层和边框层，如图7-6所示。

图7-4　无边长巾2

图7-5　手绘长巾

图 7-6　数码印花方巾图案范例

三、适合式方巾图案的设计步骤（实例介绍）

（1）新建白纸，90cm×90cm，250DPI，为未标题一。

（2）打开主花素材，做抠图等处理。

（3）把花卉等元素拷贝进未标题一，放置在四分之一的区域里。在层管理器中新建组，把四分之一区域里的元素层拖进组。如图7-7所示。

（4）复制组1，将组1副本内的各层进行合并成层。执行"编辑→变换→水平转换"变化成组1的对称纹样，按"Ctrl+T"键导出变换框，按朝左箭头键移至左边。

（5）同法复制组1副本1为组1副本2，执行"编辑→变换→垂直转换"将组1副本2翻转，移动至组1副本1的上面。同法复制组1副本3，移至组1的上面。再复制组1为组1副本4。将组1副本4与其他几个角隅纹样合并成一层。保留组1以便纹样改动调整。如图7-8所示。

（6）调整主花构图和色彩，在较空的地方补充纹样。

（7）找出中心图片和底纹图案，复制到未标题1中（图7-9、图7-10）。

图 7-7　组成四分之一角隅图案

图 7-8　四个角隅图案组成主图层

126

图 7-9 底纹层

图 7-10 导入中心图层

（8）以角隅图案层划分内外区域，用多边形选区选中，内部用油画素材，按"Delete"键删除多余部分。外部保留底纹层，删除多余部分（图7-11）。

（9）将底纹层设置成正片叠底（图7-12）。

（10）用框选的方法选取边框，填充不同颜色。完成设计（图7-13）。

图 7-11 割掉多余部分

图 7-12 制作边缘底纹

图 7-13 制作方巾边框

127

四、自由式方巾图案的设计步骤（实例介绍）

（1）新建白纸，60cm×60cm，250DPI，为未标题一。

（2）寻找素材，以手绘风格素材为例，适当抠图（图7-14）。

（3）选取手绘元素，复制到为标题1，调整元素的位置，重点落于左下角，尽量聚散有度，疏密有致。如图7-15所示。

（4）将前景色调整成浅湖蓝色，切换到背景层，按"Alt+Delete"键填充底色（图7-16）。

（5）单击图层面板下方"添加填充或渐变图层"标签，打开渐变对话框，将角度设置成45°。如图7-17所示为从左下角到右上角的玫红色渐变图层的效果。

（6）单击图层面板右上扩展箭头，复制渐变图层；按下"Ctrl"键，单击

图7-14　手绘花卉元素

图7-15　元素的自由式排版设计

图7-16　背景填充为蓝色

图7-17　添加玫红色渐变图层

选中两个渐变图层。再单击图层面板右上扩展箭头，执行"合并图层"，将调整图层改为普通图层并加深渐变色效果（图7-18）。

（7）在渐变层上新建图层蒙版，用尖角大画笔画黑色和灰色圆形，表现出透明和半透明的气泡。丰富画面，烘托主体纹样（图7-19）。调整色彩和效果，完成设计，文件保存为PSD格式。

在当今多元化的时代，方巾图案也是日新月异，有着无限创意。被不同的消费人群所接受。方巾的设计也已超出了其作为服饰品使用的价值，更可以作为独幅艺术作品来欣赏。方巾的表现内容也从常规的花卉类转向人物、风景、动物、器物等多元素的综合运用，如图7-20所示为古典油画题材，图7-21~图7-25所示等为摄影题材。在设计及处理技巧也从单一软件工具向拓展设计多种功能的综合运用。相信通过新老设计师的努力，方巾的创新之路将越走越宽。

图7-18　双层渐变图层的效果

图7-19　用蒙版做气泡纹样

图7-20　古典风格方巾图案

图7-21　学生设计作业一

图 7-22　学生设计作业二

图 7-23　学生设计作业三

图 7-24　学生设计作业四

图 7-25　学生设计作业五

第二节　长巾的设计

在人们的日常生活中，长巾的使用更为方便，因此应用比方巾更广泛。长巾规格有90cm×180cm、60cm×150cm、50cm×120cm等，因消费群体和使用环境不同而异。如用于海边沙滩的防晒长巾，一般幅面较宽、颜色艳丽、纹样灵活，如图7-26、图7-27所示。而用于正规场合的长巾，则幅面适中、色彩沉稳、纹样经典，如图7-28、图7-29所示。长巾图案的制作工艺与方巾一样，印、绣、烂、提和手绘均可。从构图上来分有满版式、独幅式、对称式（图7-30）、花边式（图7-31）。满版式就是四方连续图案加上边框，花边式就是二方连续加边框，本节中不详细描述。本节重点探讨的是对称式与独幅式的设计。运用PS的强大功能，长巾图案也会有无限的创意和美轮美奂的效果。

图7-26　沙滩风防晒长巾

图7-27　抽象纹样长巾

图 7-28　原创印花长巾　　　　　　　图 7-29　经典佩兹利纹样长巾

图 7-30 对称式长巾图案

图 7-31 花边式长巾图案

一、长巾的常用题材和设计要求

（1）在长巾的设计中，根据不同的消费市场需求，设计的风格呈多样化趋势，在题材的选择上有古典纹样、抽象纹样、花卉动物等。

（2）根据服用要求，围巾两端为设计重点，定位式图案的设计要集中在围巾两端。

（3）数码印花长巾的设计要体现纹样的独特与创意。

（4）数码印花长巾的设计要体现丰富的层次与色彩。

二、对称式定位长巾图案的设计步骤（实例详解）

对称式长巾图案是比较常见的一种形式，有翻转对称和旋转对称、绝对对称和相对对称、上下对称和左右对称。这里的翻转对称是指沿中心轴折叠后两边纹样完全重合的形式；相对对称是指纹样折叠或旋转后大部分一致，小部分不同。设计时可以根据情况，采用不同的对称形式。具体的设计步骤如下：

（1）新建文件"未标题1"，60cm×150cm，8位，250DPI，RGB模式。

（2）打开标尺，拉出参考线，置于画面的垂直与水平中心。

（3）找到合适素材，处理，抠图；逐个复制到"未标题1"（图7-32）。

（4）调整排版，用吸管吸取叶子的绿色；用替换颜色画笔修改右下偏红的叶子（图7-33）。

（5）按"Ctrl"键，选中下方所有花卉层；单击图层面板右边打开扩展菜单，执行"从图层新建组"。再执行"复制组"，将

复制的组移动到画布上方，执行"编辑→变换→水平转换"和"垂直转换"（图7-34）。

（6）全选背景层，用方框选取工具减选中间部分，调一种前景色，按"Alt+Delete"键填充，形成边框。同法做出其他边框（图7-35）。

（7）在背景层中，魔棒点选空白区域，用框选工具减选掉上部；调一种枚红色为前景色，添加渐变调整图层（图7-36）。

（8）同法在上部框选空白区域；添加

图7-32　热带植物元素的选用

图7-33　修改色彩，补充构图

图7-34　复制图层，掉头排列

图7-35　制作围巾边框

渐变图层，角度为"-90°"，制作枚红色由上而下的渐变图层；合并两个渐变图层，变成普通图层后执行"图像→调整→色相/饱和度"调色（图7-37）。

三、长巾图案的设计拓展

每年数亿条围巾的产销量对围巾图案的创意开发无疑是一种莫大的考验。除了上述设计的图案风格外，还可以从以下几个方面去拓宽思路：

（1）纵向分区构图可以使围巾产生两种底色，有拼接感（图7-38）。

（2）从现代绘画中吸取灵感，设计有现代感的图案（图7-39）。

（3）采用爱马仕风格的经典元素，按

图 7-36　制作下部渐变调整图层

图 7-37　制作上部渐变图层，合并后调色

图 7-38　纵向花边长巾图案

适合图案形式排版设计（图7-40）。

（4）适合图案按斜格分布，连续成长巾（图7-41）。

（5）将花鸟昆虫进行抽象变形，设计长巾（图7-42）。

（6）将古典钥匙纹样，进行长巾的适合排列（图7-43）。

（7）夸张的线描花卉自然排列彰显东方情怀（图7-44）。

（8）创新的S型构图与古典元素的自然结合（图7-45）。

在印花围巾的设计中，可以有无穷的创意。设计师不但可以从不同时代、不同国度、不同民族的文化艺术中汲取营养，也可以从奇妙的大自然中获得灵感，创作出新颖美好的围巾图案。

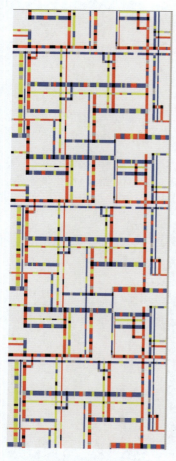

图7-39　蒙德里安风格图案　　　图7-40　爱马仕风格长巾图案　　　图7-41　适合纹样斜连长巾图案

图 7-42　鸟类创意图案　　　　图 7-43　古典钥匙纹样

图 7-44　菊花的创意设计　　　　图 7-45　S 型构图长巾

本章小结

适合做方巾的图案有角隅图案、单独自由图案、适合图案、四方连续图案。大多数方巾属于单独纹样的范畴，具有独立性和完整性。通常有对称和均衡两种形式。对称式端庄工丽，均衡式活泼自然。在PS软件里设计方巾图案，通常会有背景层、底纹层、中心图层、角隅主图层和边框层。按对称的原理设计好主图，再按主图搭成的框架设计底图。自由式方巾图案的设计相对简单，要注重色彩纹样的大气明确。

长巾图案的制作工艺与方巾一样，印、绣、烂、提和手绘均可。从构图上来分有满版式、独幅式、对称式、花边式。数码印花长巾的设计要体现纹样的独特与创意、丰富的层次与色彩。对称式长巾图案是比较常见的一种形式，有翻转对称和旋转对称、绝对对称和相对对称、上下对称和左右对称。设计时要充分利用PS软件的优势，演绎数码围巾图案的万种风情。

思考题

1. 方巾图案有哪些设计形式？分别如何设计？

2. 列举几种长巾图案的设计方式。

实践题

1. 设计适合式大方巾（120cm×120cm）和自由式的小方巾（60cm×60cm）各一款。

2. 设计一款带花边的长巾图案（75cm×180cm）。

家纺数码印花图案的设计

课题名称： 家纺数码印花图案的设计

课题内容： 数码床品图案的设计

定位式数码窗帘图案的设计

数码抱枕图案的设计

数码墙布图案的设计

课题时间： 16课时

教学目的： 学生基本掌握床品、抱枕、窗帘和墙布的特点和设计要求

教学方式： 讲解法、讨论法、演示法、练习法

教学要求： 1. 掌握数码床品图案和抱枕图案的特点和设计要求

2. 掌握数码印花窗帘的设计要求和方法

3. 基本掌握数码印花墙布的设计要求和方法

课前（后）准备： 收集数码印花床品、抱枕、窗帘和墙布的相关文章和图片，了解

数码印花家纺图案的流行趋势

第八章　家纺数码印花图案的设计

中国的纺织产业发展历史悠久，最初容纳了化纤、棉纺织、毛纺织、麻纺织、丝绸、针织、印染、服装、家纺、纺机等众多行业。纺织品除了用于服饰品制作以外，被大量地用于家居生活中。床品、窗帘、布艺沙发、抱枕、坐垫、餐布、墙布等不断地推陈出新。目前纺织产业逐渐形成以家用纺织品与服装用纺织品、产业用纺织品为三大体系的现代纺织业。我国家纺用、服装用、产业用三大纺织品业终端产品比例为28∶47∶25。[2]

新工艺、新技术的应用使各个领域异彩纷呈。经过多年的发展，家用纺织品又可细分为床上用品类、厨房和餐厅用纺织品类、沐浴用纺织品类、客厅用纺织品类及地毯类。床上用品作为家纺行业的重要组成部分，占据家纺行业总销售额的一半以上。随着国内家纺行业的不断发展，床上用品行业将保持6.2%的年复合增长率，预计至2020年国内床上用品行业销售总额将达到1400亿元。[2]

近些年来，数码印花的技术开始在家纺领域里大量应用。随着人们物质文化水平的逐年提高，对小批量个性化的家居产品的需求量也会越来越大，对家纺产品的图案要求也越来越高。

第一节　数码床品图案的设计

床上用品行业作为家纺行业的子行业之一，目前，该行业产值接近整个家纺工业产值的1/3左右。预计在未来10年，床上用品行业将成为我国家纺行业中最具发展前景的产业之一。[3] 为了适应数码印花的技术优势。数码床品图案的设计比之以往的普通印花床品图案设计，无论设计素材使用，还是设计方法，都有了很大的革新。如图8-1所示为普通印花的床品图案，套色清晰，排版严谨，纹样简洁，通常依赖撇丝、线块、泥点、云纹等技法进行表现。图案花回大小受机器网版大小限制。图8-2所示为数码印花的床品图案，纹样元素众多，色彩表现无局限，层次丰富，图案花回大小不受机器限制，具有绘画作品感。床品的被套尺寸有200cm×230cm、220cm×240cm。枕套尺寸为48cm×74cm。

一、数码床品图案的构图类型

1. 满版式

四方连续的床品图案，俗称满版式。设计时只需设计一个循环单位的图案，生产时会将其进行上、下、左、右重复连续。如图8-1所示。设计满版式图案时，务必要考虑连续后的大版面效果。必须无缝接版。与满版式女装图案设计类似。

2. 适合式

按照一定的外形进行纹样的布局，纹样具有一定的完整性和画面感。如图8-2所示是对被套和枕套分别做的适合式设计。

3. 定位式

图案在整个被套中由下而上进行纹样元素的布置，通常上轻下重，主要装饰元素布置在下部，往上纹样渐弱，色彩渐轻。如图8-3所示是花卉题材的定位床品图案。大花集中在被套下方，层次丰富，元素多样。

4. 独幅式

利用绘画或摄影作品，在PS软件中进行图像处理后，布置在被套、床单和枕套上。如图8-4将花卉摄影图做色彩和构图的处理后，按上轻下重的原则进行合理的布局，整个床单由独幅画面或者由几幅元素结合处理成新的独幅画面构成。

图 8-1　普通满版式印花床品图案

图 8-2　数码印花适合式床品图案

图 8-3　定位式花卉床品图案

图 8-4　独幅式床品图案

二、独幅式床品图案的设计方法步骤（实例详析）

（1）新建文件，200cm×230cm，200DPI，8位，RGB模式，为未标题一。

（2）打开选好的素材，做大小、色彩和清晰度上的调整，复制图层到未标题一，如图8-5所示。

（3）用颜色吸管工具吸取素材图中蓝灰色，切换到背景层填充。用柔角打橡皮擦擦柔素材图层的上边缘，使两个图层无缝衔接。如图8-6所示。

（4）用颜色吸管在素材1中选一种较深的棕色。框选素材1下方1/2面积。单击图层面板下方"添加渐变填充调整图层"按钮，执行"渐变"。如图8-7所示。

（5）复制渐变图层，按"Ctrl"键选中两层渐变图层，合并图层后成为普通图层。执行"图像→调整→色相/饱和度"适当调整渐变层颜色。调低不透明度，设置为"正片叠底"。如图8-8所示。

图8-5　素材1导入文件中

图8-6　填充底色，两层衔接

图8-7　添加底部渐变图层

图8-8　渐变层正片叠底

（6）复制素材2（星空）到未标题一，置于上部。如图8-9所示。

（7）素材2设置为"明度"混合模式，调低不透明度。如图8-10所示。

（8）擦柔素材2的下部边缘，使两图层自然衔接。如图8-11所示。

（9）用米色在画布上方制作渐变图层（图8-12），复制层后合并两层渐变图层，调整各层色彩。完成设计并保存为PSD格式文件。

三、适合式床品图案的设计（实例详析）

适合式床品图案通常会根据幅面大小做框式布局。采用外框加内图的形式。框纹样设计的好坏决定图案的成败。在元素的选择上，可以采用花卉、动物、器物、风景等多种纹样的综合使用。奇妙的组合能生出无限创意。具体设计方法大致

图 8-9　导入素材 2，置于上部

图 8-10　使用明度混合模式，调低不透明度

图 8-11　擦柔素材 2 的下边

图 8-12　上方添加米灰色渐变图层

如下：

（1）新建文件"未标题1"，220cm×240cm，200DPI，8位，RGB模式。

（2）选用合适的角隅纹样素材，复制到未标题1中，至于左上方。边缘离画布边缘约20cm。复制图层，执行"编辑→变换→水平转换"，并移至右边。如图8-13所示。

（3）同法，制作下边框。如图8-14所示。

（4）打开处理好并抠好图的花卉纹样元素，逐步复制到未标题1中，并作合理排版。可对称布局，也可均衡布局。如图8-15所示为均衡布局，并且上轻下重，视

觉稳定。

（5）复制两张风景素材到未标题1作为内图元素。合理缩放大小，放在边框以内。如图8-16所示。

（6）以边框为界，框选内部区域。用仿制图章工具将两张元素补充到满选区，并且天空层压在原野素材之上。将天空素材执行"图像→调整→色相/饱和度"，饱和度调至最低。用框选减选的方法选中画布外边区域，选蓝灰色为前景色，按"Alt+Delete"键填充。同法填充深色边框线。如图8-17所示。

（7）选中边框内部区域，添加蓝绿色渐变图层。设置为正片叠底效果，调低不

图 8-13　床品图案上边框制作

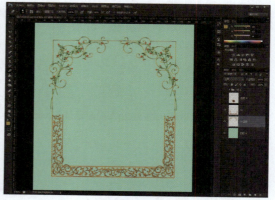

图 8-14　床品图案下边框制作

图 8-15　花卉组合装饰边框

图 8-16　导入两张内图素材

透明度。对每个层进行调色。完成储存为PSD格式。如图8-18所示。

　　由于数码印花没有网版的限制，床品中的大版图案应用越来越多。目前家纺领域流行的四件套为一个被套加一片床单加两个枕套。设计时以被套外层为主，内层与床单一般为素色布或弱感的底纹图案。枕套图案所用元素与被套相同，排版不同。

图 8-17　填充边框线与边框色

图 8-18　添加内图渐变图层，并整体调色

第二节　定位式数码窗帘图案的设计

窗帘已是目前人们家居生活不可或缺的重要部分，窗帘产品的开发也是日新月异，无论是窗帘的款式、图案，还是新材料、新功能的开发都有了很大的突破。窗帘在整个家装中起着非常重要的作用。使用得当可以提升家居的档次和美感，掩盖硬装的不足和平乏。能赋予居室一种格调：或雍容高贵，或清新自然，或简约清爽。伴着生活水平的不断提高，窗帘已经从遮阳遮光、降音降噪、保护隐私、装饰墙面的工具上升到极具审美价值的工艺品。同时窗帘的新功能如隔热、保温、防紫外线、防尘、单向透视，甚至防花粉过敏等不断地被研发出来。通过不同材料的完美结合可以创造出新型、独特风格的产品。由纺织材料与草、竹、木、塑料、金属等结合制作的窗帘，会产生别具一格的效果。此外，各种变形纱、竹节纱的应用，色织、提花、绣花、补花、印花、烂花工艺的搭配，对织物进行压绉、水溶、植绒、磨毛、起绒、涂层处理等将赋予窗帘新的形象和感觉。

一、窗帘的分类

1. 布艺窗帘

常见的布艺窗帘有布纱配套的悬挂帘（图8-19）、形成优美扇形的罗马帘（图8-20）、纱布合一的折叠式柔纱帘（图8-21）。悬挂帘是最常见的家用窗帘，用一般的缝纫机就可制作。罗马帘款式来源于欧洲，以其构成严谨、廓形优美而深受欢迎。常用在酒吧、茶座和咖啡厅。折叠式柔纱帘是近几年出现的窗帘新品。利用纺织原料的特殊性和纹织方法的差异性织出透明宽条和不透明宽条组成的条纹布料，可以制作半透明的遮光效果。

从三种窗帘的图案装饰工艺来看，有印花窗帘（图8-21）、绣花窗帘（图8-22）、

图 8-19　布纱配套窗帘

图 8-20　罗马帘

图 8-21　新颖柔纱折叠百叶帘

烂花窗帘（图8-23）和提花窗帘。

2.其他材质窗帘

除了纺织品以外，还有一些木质的、竹制的、铝合金的和人造纤维的卷帘和百叶帘也深受欢迎。

二、印花窗帘图案的类型

传统印花窗帘通过圆网、平网和转移印花设备来生产的，大多受网板尺寸和套色的限制。数码印花技术在该领域的推广使用，打破了这些限制。使得窗帘印花图案的设计有了更加深阔的天地。大幅的绘画作品经过一定的电脑处理后可以直接用于窗帘。如图8-24所示为工笔荷花图的直接运用。

窗帘印花图案从排版形式来分，可以分为独幅图案（图8-25）、定位图案（图8-26）、满版图案（图8-27）。独幅图案的设计与床品类似。满版图案的设计方法与女装清底图案类似，只是一般情况下，家纺中的图案纹样元素比服装图案中要大。

图8-22　绣花窗帘

图8-23　烂花窗纱

图8-24　国画题材数码印花窗帘

图8-25　独幅式数码印花窗帘

内销窗帘中比较受欢迎的是定位花窗帘。因为通常以30cm或60cm左右为一个重复单位，而实物窗帘制作时多以30cm左右打一个褶，所以悬挂后非常有秩序感，具有节奏与韵律的美感。如图8-22、图8-26所示。

定位花窗帘的设计花回一般采用60cm×280cm的尺寸。在280cm的长度里，会设计几段相互联系又相对独立的不同高度的二方连续花纹。如图8-26所示为两段式，图8-28所示为一段式，图8-29~图8-31所示为三

图 8-26　定位式印花窗帘

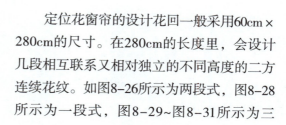

图 8-27　满版式印花窗帘

图 8-28　窗帘配色模拟整套

图 8-29　三段式二方连续一

图 8-30　三段式二方连续二

图 8-31　三段式二方连续三

段式。

印花图案所用元素主要有花卉、欧式、抽象、中式等素材类型，以适应不同的家装风格。在PS软件中设计窗帘图案时，通常会有背景层、渐变层、底纹层、隐花层和主花层组成。

三、定位式窗帘图案的设计（实例详析）

（1）新建未标题一：60cm×280cm，200DPI，8位，RGB模式。

（2）框选下部约1/4面积，调一种紫灰作前景色，添加渐变图层。如图8-32所示。

（3）同法，制作中间渐变层。如图8-33所示。

（4）复制准备好的花卉到未标题1，由中间向两边渐弱，自然组合。将所有浮纹元素合并图层。如图8-34所示。

（5）复制浮纹层，位移，水平转换，

设置为明度混合模式，调低不透明度，制作隐花层。如图8-35所示。

（6）选择合适的底纹图案，复制到未标题1，按"Ctrl+T"键导出变换框，调整底纹大小到30cm×30cm。如图8-36所示。

（7）复制底纹图层到右边，合并底纹层。复制合并后的底纹层，移到下方，拼贴成大图。如图8-37所示。

（8）将底纹层设置为正片叠底模式，用大橡皮擦擦柔底纹边缘。如图8-38所示。

（9）复制底纹，位移出新纹样。合并两个底纹层，再设置为正片叠底模式。如图8-39所示。

（10）将上部底纹层复制到下部，完成设计，保存成PSD格式。如图8-40所示。

目前我国的窗帘产销量很大。内销的布艺窗帘印花图案以定位花为主，外销的窗帘图案以满版花为主。此外，数码印花的独幅窗帘也逐步兴起。今后的窗帘领域，将有更多的创意空间。

图8-32　上下渐变

图8-33　中间渐变层

图8-34　三段式主花层设计

图 8-35　制作隐花层　　　　　　　图 8-36　导入底纹层

图 8-37　复制拼接底纹层　　　　　图 8-38　设置底纹层为正片叠底模式

图 8-39　复制底纹，位移出新纹样　　图 8-40　将上底纹复制到下部

第三节　数码抱枕图案的设计

抱枕和靠垫是家庭常见的家居用品，抱枕虽小却能给居室以画龙点睛的效果。除了材质、造型与工艺，图案在抱枕设计中有着举足轻重的作用。通过抱枕，可以体现主人的个性与品位。抱枕的造型有方形、圆形、三角形、心形、糖果形（图8-41）、卡通形（图8-42）、特殊形（图8-43）等，最常见的是方形抱枕。在制作工艺上有印花（图8-44）、绣花（图8-45）、提花（图8-46）、烫钻工艺（图8-47）。

一、抱枕的种类

根据抱枕的功能和特点，可以将抱枕分为以下几类：

1. 沙发抱枕

在沙发上坐卧时抱用或枕头、枕腰的靠枕，同时用来装饰沙发。既可以提升沙发档次，又能给人特别温馨的感受。沙发抱枕的设计通常与沙发配套设计。

图 8-41　糖果抱枕

图 8-42　卡通形抱枕

图 8-43　特殊形抱枕

图 8-44　满版图案抱枕

图 8-45　绣花角隅式图案

图 8-46　提花适合式抱枕

2. 汽车抱枕

汽车座位比较硬冷，抱枕的主要用处之一就是增加座位的温暖和舒适感。目前抱枕已经成为装饰汽车必不可少的元素。车用抱枕通常较小，以活化车内空间为妙。

3. 保健枕

在普通的抱枕中掺加各种中药等材料，而到达一定的保健作用。譬如荞麦枕、薰衣草枕等。

4. 床枕

床枕通常与床单被套配套设计，具有整体协调的美感。当然也会设计一些可爱精致的抱枕增加卧室的情趣，可以让人们在睡觉时感受到更多温馨感。

5. DIY 抱枕

是近来比较盛行的品种。购置适宜大小的枕芯，然后用手绘、手绣等方法设计自己喜欢的图案，成为一些现代女性热衷的活动。

6. 电动按摩枕

可强身健体、舒松筋骨经络，为缓解肌肉疲倦、腰酸、股痛而设计。新型电动按摩枕包括外套，内填充有软弹性体，所述软弹性体内设置有振动装置，可做家用治疗设备。分家用和车用两类[4]。

在上述每一类抱枕中，都需要纺织品做抱枕套，抱枕套的图案设计，也会因功能、场合的不同而不同。

二、抱枕图案的构图类型

1. 独幅式图案

用独幅照片或绘画作品进行设计。如图8-48所示。

2. 满版式图案

即四方连续图案，对普通的四方连续图案可以任意裁剪，不需要特别设计。如图8-44所示。

3. 适合式图案

按照抱枕外形进行纹样布置设计的图案。如图8-46所示。

4. 角隅式图案

按抱枕边角设计的装饰纹样，按装饰面积大小分有大角隅图案和小角隅图案。如图8-45所示为精致绣花工艺的小角隅图案。

5. 花边式图案

花边式图案即二方连续图案。抱枕设计中可以采用多条二方连续结合进行。如图8-49所示。

图 8-47　适合式烫钻图案抱枕

图 8-48　独幅图案抱枕

图 8-49　二方连续印花抱枕

三、数码印花抱枕图案的设计要求

（1）纹样的选择要适合抱枕的功能与用途。

（2）通常由中心纹样和边缘纹样组成。

（3）纹样层次清晰，色彩协调，有作品感。

（4）纹样布局可对称或均衡，构图完整而稳定。

四、数码印花角隅式抱枕图案的设计方法步骤（实例详析）

（1）新建白纸，50cm×50cm，250DPI。

（2）找出素材，处理，抠图，构思画面。

（3）将主要的花卉素材拖进未标题1，放置在合适的位置。如图8-50所示。

（4）找到陪衬的素材，复制到未标题1，与主花组合。如图8-51所示。

（5）找到合适的花边纹样，放置在未标题一的四边，在空白处打上合适的文字。如图8-52所示。

（6）在背景层之上，新建一个从右下到中心的绿色渐变的图层。如图8-53所示。

（7）在背景层之上，再新建一个从右下到中心的墨绿色渐变的图层，压在绿色渐变层上。如图8-54所示。

（8）在背景层之上，新建一个从左上

图 8-50　主花纹样

图 8-51　辅花陪衬

图 8-52　逐条复制花边纹样

图 8-53　添加淡绿色渐变图层

153

图 8-54　添加墨绿色渐变图层

图 8-55　从左上向右下添加蓝色渐变图层

到中心的蓝色渐变的图层。如图8-55所示。

　　抱枕作为目前必不可少的家居用品，开发的过程比较简单。目前国内出现了许多专做抱枕的企业，新产品层出不穷。抱枕的设计领域不断地被开拓，必将呈现百花齐放的形势。

第四节　数码墙布图案的设计

　　在家居软装设计中，墙纸和墙布都是墙面装修常用的饰面材料，市场上又有一种整张铺贴的无缝墙布，给净白的墙面锦上添花，营造着不同的居室风格。墙布，又称"壁布"，裱糊墙面的织物，用棉布为底布，并在底布上施以印花或轧纹浮雕，也有以大提花织成，所用纹样多为几何图形和花卉图案。无缝墙布是墙布的一种，一个房间一整张无缝铺贴为一大特色，是时下的潮流。无缝粘贴可避免起边、翘边、开裂等问题。透气性好，防潮防霉，耐磨，隔音隔热。根据材质可以分为：化纤壁布、纱线壁布、织布类壁布、植绒壁布、丝绸壁布等。[5] 数码印花技术的兴起和推广，使得墙布的开发途径更加简便，设计领域也更为宽泛。

一、墙布种类

　　墙布从工艺上分，有以下几种形式：

　　1. 提花墙布

　　提花工艺是市面上最主要的一种工艺，可以通过对线的上下交错，交织出不同的花色，相对来说颜色越多造价原料就会比较高。如图8-56所示。

　　2. 印花墙布

　　印花墙布大多数使用的工艺为热转印工艺（纸印花）和数码印花技术。除了发泡、印金和压印工艺，可以制作出浮雕效果。一般印花工艺表面都没有凹凸感，但是色彩可以有很多种，尤其是数码印花，更加不受套色和网版尺寸的限制。非常适合制作巨幅无缝墙布。如图8-57所示。

3.刺绣墙布

刺绣墙布是一种很高端的产品，可以用1~9种类的线色来表现花型的色彩，立体感比较强，造价也比较高。十分受高端客户的喜爱。如图8-58所示。

4.染色墙布

染色墙布的优势为价格便宜，批量生产速度相对来说比较快，缺点是每次染色产生的缸差有时候不容易控制，会有一定的色差不容易避免。在低端的家装中用得较多。

二、印花墙布的常见类型

1.独幅式墙布

独幅式墙布为采用绘画、摄影、插图等素材设计的巨幅墙面作品。常用作背景墙的装饰，与家具风格一致，可以营造身临其境的效果。在设计中要注意主体纹样的位置不能被家具遮挡。如图8-59所示，因为考虑下方的家具摆放而将主图上移。

2.满版式墙布

满版式墙布即设计好一个单位后，向上下左右反复连续的四方连续图案。目前比较流行的三种形式：一是手绘效果的繁茂花卉（图8-60），二是复古效果的花枝图案（图8-61），三是有做旧感的古典花纹（图8-62）。

3.定位式墙布

定位式墙布即把墙布图案分为上下两部分，以花边图案作腰线分割，上下布

图 8-56　提花窗帘

图 8-57　大幅数码印花墙布

图 8-58　绣花窗帘

图 8-59　巨幅定位式抽象风格墙布

图 8-60　手绘风格墙布

图 8-61　满版式数码墙布

置不同的图案。这种形式比较少见。如图8-63所示以中间腰线为界，下方布置底纹，上方布置大花。

三、复古式满版图案的设计方法（实例详析）

（1）在PS软件中打开有斑驳肌理底纹的高清素材，缩放大小到60cm×60cm，250DPI。执行"滤镜→其他→位移"，将边缘线往中间位移。如图8-64所示。

（2）用仿制图章工具修好接缝线，不留痕迹。再位移复原检查。如图8-65所示。

（3）处理花卉素材，抠图。如图8-66所示。

（4）把花卉元素逐个复制到底纹文件中，按花枝相连的原则布置纹样，做到自然、均衡、呼应。如图8-67所示。

（5）复制底纹层，并执行"图像→调整→阈值"，变为黑白底纹。如图8-68所示。

（6）将黑白层移至花卉层之上，呈现斑驳肌理（图8-69）。设为正片叠底效

图 8-62　仿瓷砖纹样墙布

图 8-63　田园风巨幅墙布

图 8-64　位移底纹层

图 8-65　修图、接版

果，调浅颜色，调低不透明度。如图8-70所示。

（7）适当调整各层色调，加重复古和怀旧的感觉。完成设计，储存为PSD格式。如图8-71所示。

复古图案体现一种怀旧的思想和时间沉淀感。除了花卉，还可以适用于欧式纹样、中式纹样和其他特定含义的经典纹样，在目前的家装风格中颇为流行。

在人们求新求异思维和家纺行业激烈竞争的影响下，家纺生产企业和销售商家在不断地追求创新。商家通常会不惜成本，采用多种工艺结合的方法，开发出效果独特的墙布、窗帘、床品、抱枕和沙发面料。再加上功能性面料的研究，未来的家纺市场定会更加精彩纷呈。

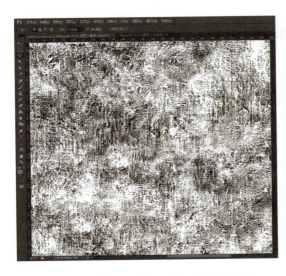

图 8-66　打开合适的花卉素材

图 8-67　对花卉元素进行重新组合排版

图 8-68　复制底纹层，进行"阈值"操作

图 8-69　黑白底纹层覆盖在花卉层上的效果

图 8-70　阈值层设置"正片叠底"

图 8-71　调整颜色

本章小结

数码印花的床品图案，纹样元素众多，色彩表现无局限，层次丰富，图案花回大小不受机器限制，具有绘画作品感。数码床品图案的构图类型有满版式、适合式、定位式、独幅式。独幅式利用绘画或摄影作品，在PS软件中进行图像处理后，布置在被套、床单和枕套上。按上轻下重的原则进行合理地布局，整个床单由独幅画面或者由几幅元素结合处理成新的独幅画面构成。适合式床品图案通常会采用外框加内图的形式。在元素的选择上，可以采用花卉、动物、器物、风景等多种纹样的综合使用。

窗帘印花图案从排版形式来分，可以分为独幅图案、定位图案、满版图案；印花图案所用元素主要有花卉、欧式、抽象、中式等素材类型，以适应不同的家装风格。在PS软件中设计窗帘图案时，通常会有背景层、渐变层、底纹层、隐花层和主花层组成。内销窗帘通常以定位图案的形式设计，营造一种有秩序的形式美感。

抱枕和靠垫是家庭常见的家居用品，抱枕分为沙发抱枕、汽车抱枕、保健枕、床枕、DIY抱枕、电动按摩枕几类。抱枕图案的构图类型有独幅式图案、满版式图案、适合式图案、角隅式图案、花边式图案。数码印花抱枕图案大多采用角隅式和适合式，可以独立成图或系列化设计。

数码印花技术的兴起和推广，使得墙布的开发途径更加简便，设计领域也更为宽泛。墙布从工艺上分，有提花墙布、印花墙布、刺绣墙布、染色墙布几种形式。印花墙布有独幅式、满版式、定位式几种。体现古朴怀旧味道的复古式满版图案的设计，要处理好做旧的感觉，复古图案体现一种怀旧的思想和时间沉淀感，目前比较流行。

思考题

1.在适合式图案的设计中，如何安排好多种纹样的综合使用?

2.在窗帘图案的设计中，如何营造图案的秩序感和韵律美?

3.角隅式抱枕图案的设计有何要求?

4.如何在设计中营造复古式墙布图案的怀旧感?

实践题

1.设计独幅式和满版式床品图案各一幅，210cm×230cm。

2.设计三段式的窗帘定位图案一幅，60 cm×280cm。

3.设计角隅式抱枕图案一幅，50cm×50cm。

4.设计复古式欧式墙布图案一幅,60cm×60cm。

数码图案的实物效果图制作

课题名称： 数码图案的实物效果图制作

课题内容： 图片处理

　　　　　　模板制作

　　　　　　图案模拟

课题时间： 4课时

教学目的： 学生基本掌握数码图案实物模拟的要求和方法

教学方式： 讲解法、讨论法

教学要求： 1. 了解数码图案实物模拟的图片处理方法

　　　　　　2. 掌握数码图案实物模拟的模板制作、图案模拟方法

　　　　　　3. 熟练掌握数码图案实物模拟的图案模拟方法

课前（后）准备： 收集实物模拟的高精度模板图片，包括服装类和家纺类

第九章 数码图案的实物效果图制作

目前纺织服装行业的创新氛围已经形成，大家都在思考同一个问题：如何快速、有效地创造新产品，降低投产的风险性。对需要开发新品的家纺和服装厂商来说，需要有一种途径让他们能够确信自己的新产品设计方案。笔者通过跟数百名的客户沟通，发现让他们犹豫不决、惶惶不安的原因是他们无法想象纺织图案的实物效果。要解决这个问题的重要方法就是进行实物模拟。

所谓实物模拟，就是通过电脑软件操作把设计好的平面图案表现在摄影图片里的模特服装上或是家居布艺制品上，直观地表现出成品效果，弥补想象空白，帮助厂商把握新品投产的成功概率。

运用PS软件的强大功可以使很多图像特殊效果的制作成为可能。运用软件工具进行图案实物模拟有很多方法，我们可以选一种仿真度最高、制作较为简便的实物模拟方法进行学习。

实物模拟主要有三个环节：图片处理（模特照片或场景照片）、模板制作及图案模拟。

一、图片处理（以服装模特照片为例）

这个环节可以分两步：

第一步是要选择好图片。我们可以自己拍摄或从网上下载合适的摄影图片，但必须符合以下条件：一是清晰度高，一般不低于1M；二是图案模拟区域（服装或布艺制品）必须是较浅的纯色；三是模拟区域的明暗关系明显，避免图案模拟后出现平板感。如图9-1所示有较好的皱褶和明暗关系，基本符合模板图片的要求。

第二步是要处理模特图片。为了确保模拟效果的完美，必须对下载的图片进行处理。图片处理通常有以下几种方法：

1. 图片的缩放

在PS软件中打开模板图片（图9-1），单击菜单栏中图像→图像大小，通过在对话框中改变图像尺寸和分辨率来缩放图片，模特图片尺寸以不小于A4纸大小为宜，分辨率可以在200~300DPI之间。

2. 修改图片

如果图片构图不合适，可以点按工具栏中矩形选区，在画面中框选要保留的区域，再单击菜单栏中的图像→裁剪，即可重新构图。通常下载的图片会有一些破坏画面效果的文字、污渍，可以运用仿制图章工具进行修补。方法是：点按仿制图章工具后，按住"Alt"键单击图中复制点，松开"Alt"键，在被复制点单击或按住鼠标拖动，就会用复制点的元素覆盖掉被复制处的元素，以此方法来完善画面效果。

3.锐化图片

如果图片经过放大后有点模糊，可以单击菜单栏中滤镜→锐化，在USM锐化对话框中（图9-2）移动数量、半径、阈值的滑块，调整图片的清晰度；有些颗粒较粗的图片可以先进行滤镜→模糊→表面模糊后再进行锐化。

4.色彩调整

如果图片色彩过于灰暗或过于鲜艳，可以单击菜单栏中图像→调整→色相/饱和度，在对话框中移动饱和度的滑块调整图片色彩的鲜艳度（图9-3）。在该对话框中也可移动色相和明度的滑块来调整图片的整体颜色倾向和深浅。如果图片的层次不够清楚，立体感不强，可以单击菜单栏图像→调整→色阶，在对话框内将两端的黑白滑块向中间移动，会拉开图片的明暗反差（图9-4）。至此模板图片修改完毕，如图9-5所示。

图 9-1　打开网上下载原图

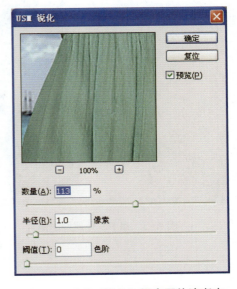

图 9-2　适当"锐化"提高图片清晰度

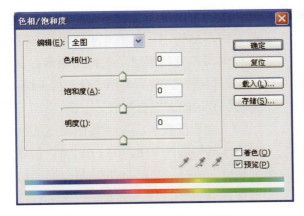

图 9-3　"色相／饱和度"对话框

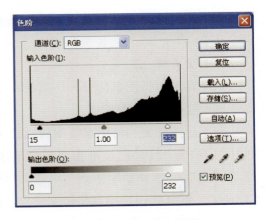

图 9-4　"色阶"对话框

二、模板制作

对于图片中需要制作图案的区域，可以先制作一个块面层（模板层）。方法是：

（1）点按图层面板右上角箭头，新建一个空白层。

（2）点按工具栏中多边形选取，在图中有序地单击模拟区域的边缘，首尾两点重合后形成闪烁的线框，即为选取框。

（3）点按工具栏中前景色，在拾色器中任选一种浅色（如淡蓝色）确定。

（4）点按工具栏中油漆桶工具，在新建的空白图层的选区内单击，便生成需要模拟区域的块面。模板层便制作完成，此层有助于快速地在图案层选取模拟区域（图9-6）。

图9-5　用PS处理好的图片

图9-6　制作模板层

三、图案模拟

图案模拟可以分图案处理和模拟合成两个环节。

1. 图案处理

这个环节包括图案的导入、缩放、拼贴、透视变换以及余量剪切。

（1）导入图案：将图案复制到模拟文件中。在PS中打开已经准备好的图案文件（图9-7），选择菜单中点"全选"，按"Ctrl+C"键复制；切换到模拟文件窗口，按"Ctrl+V"键复制，模板文件的图层面板中便出现刚才的图案层。

（2）帖大图案：然后按"Ctrl+T"键导入图案层变换框，拖动角落节点按服装尺寸约束比例缩放图片，并放在模拟区域上单击回车键确定。若图片不够大，在图层面板中用"复制图层"工具复制出若干图案层进行拼贴，然后再用"合并可见层"工具将所有的图案层合并成一个层。

（3）变形图案：为了体现图案在实物上的立体感和透视变化，按"Ctrl+T"键导出变换框，执行"编辑→变换→扭曲"，按照服装的转折关系拖动节点对图案进行适度的缩放、透视、扭曲等变换（图9-8）。

（4）裁剪图案：最后在模板层中魔棒点选模板，切换到图案层，反选。按"Ctrl+X"键减掉多余图案部分（图9-9）。至此，图案层的制作基本完成。

2.模拟合成

虽然图案层的基本形状已经出来，但还欠缺一种与模特层融为一体的真实效果。为了避免模拟区域的原色彩影响新图案的

模拟效果，首先要将模特层中的模拟区域色彩转换为灰度。方法是：在模板层用魔棒点选模板，再切换到模特层，执行"图像→调整→色相/饱和度"，打开对话框，将饱和度滑块右移至服装变灰，单击确认。然后再执行"图像→调整→色阶"，移动黑白滑块至明暗对比明显。这样处理后，至此，模特连衣裙已变成浅灰色（图9-10）。

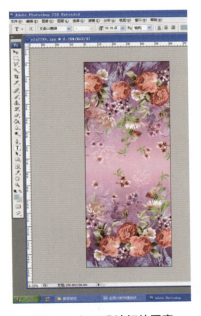

图 9-7　打开设计好的图案

图 9-8　拼贴好的图案按照服装的透视进行变形

图 9-9　剪切掉图案余量

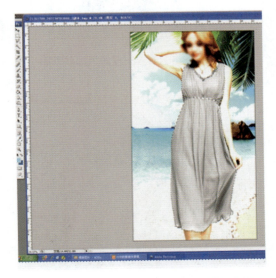

图 9-10　裙子变为较强明暗关系的灰色调

模拟区域便成为一种有明显明暗关系的灰色调。

然后在层管理器中将图案层的"正常"改为"正片叠底"效果，调整不透明度至清晰显示模特层的衣服皱褶（图9-11）。

对完成模拟的文件，一般需要保存两个文件。

一是PSD格式的模拟分层文件。方法是：显示除模板层外的所有图层，对图案层和模特层进行检查修正后，存储为PSD格式。此文件在今后的图案实物模拟中可以直接使用，只要替换图案层并略作处理即可。

二是JPEG格式的效果图文件。方法是：在层管理器中删除模板层，在图层面板扩展菜单中，点击"合并可见层"，把原有的模特层、图案层合并为一层，保存为JPEG格式。这是在所有版本的Windows系统中都能够直接显示的通用图片格式，便于客户浏览和宣传推广。

这一方法也可以用来进行家纺产品的模拟，沙发、窗帘、床品和墙布的产前效果图均可制作。图9-12所示为类似方法模拟的窗帘效果图，图9-13所示为床品效果图，图9-14所示为沙发效果图。

由于效果图具有非常好的真实性和直

图 9-11　制作完成的模拟效果图

图 9-12　窗帘模拟效果图

图 9-13　床品模拟效果图

图 9-14　沙发模拟效果图

166

观性，不但为经销商开发产品的决策提供了依据，而且大大增加了产品开发的信心，也同时提高了新产品的市场命中率。目前有些厂商，在新产品投产前，先将效果图印刷成册，发放客户征求订单，然后再批量生产。对于企业而言，就是产品开发零风险的理想状态。

本章小结

实物模拟，就是通过电脑软件操作把设计好的平面图案表现在摄影图片里的模特服装上或是家居布艺制品上，直观地表现出成品效果，实物模拟主要有三个环节：图片处理、模板制作及图案模拟。通过图片缩放、修改、锐化和色彩调整可以改善图片质量。模板层的建立便于抠取图案层和调整模拟区域的效果。图案模拟包括图案层处理和模拟合成两个环节。图案层通常要经过缩放、拼贴、透视变换以及余量剪切几个步骤完成。图案合成是将图案层模式设置为正片叠底并调整不透明度。效果图可以到仿真的程度。在模拟文件中，可以删掉图案层，替换成另外的图案。快速制作新的模拟效果。

思考题

1. 如何选择和处理用来制作模拟效果的模板图片？

2. 如何快速替换图案层，制作新的效果图？

实践题

1. 请精选两张服装摄影图片和两张家居摄影图片，进行适当的图片处理。

2. 制作四个不同的模拟PSD文件，并进行效果图的制作。模拟文件用PSD格式保存，效果图采用合并图层后用JPEG格式保存。

参考文献

［1］何增良.数码印花技术的发展与应用[J].丝网印刷，2006（7）：37-39.

［2］智研咨询.2017年中国家用纺织品行业市场需求及规模走势分析[OL].（2017-10-9）http://www.chyxx.com/industry/201710/570250.html.

［3］凯德产业经济研究中心.2017年中国床上用品现状研究及发展趋势预测[OL]（2017-10-20）. https://wenku.baidu.com/view/32f552730166f5335a8102d276a20029bd6463d8.html.

［4］3158家纺网.抱枕的种类有哪些[OL].（2017-02-27）. http://jiafang.3158.cn/20170227/n11221110228754.html.

［5］百度经验.墙布种类及工艺[OL].（2017-09-04）https://jingyan.baidu.com/article/6079ad0ebe55a128fe86db49.html.